KB076548

미래를 꿈꾸는
엔지니어링
수업

미래를 꿈꾸는
**엔지니어링
수업**
공학을 처음 만나는 너에게

권오상 지음

청어람 e)))

I dedicate this book to Dr. Dennis K. Lieu,

who was my thesis advisor while I was at the Ph.D. program

of the Department of Mechanical Engineering,

University of California, Berkeley.

제 박사학위 지도교수셨던
캘리포니아 버클리 대학교 기계공학과의
데니스 루 교수님께 이 책을 바칩니다.

목차

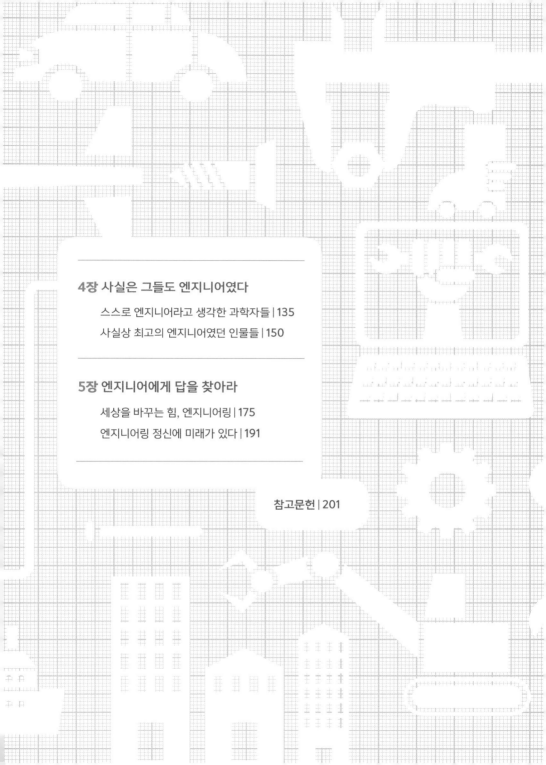

들어가는 말

 공학에 관심이 있거나, 아직 진로를 결정하지 못했지만 테크놀로지 전반에 대한 막연한 호기심이 있거나, 혹은 장래에 엔지니어가 되기를 희망하는 청소년 여러분, 안녕하세요.

 세상에는 여러 가지 분야가 존재해요. 공학도 그중 하나지요. 그런데 막상 공학이 무엇인지를 제대로 아는 사람은 없는 것 같아요. 심지어는 공대를 나오고 엔지니어로 사는 사람 중에서도 자기 일을 주변에 잘 설명하지 못하는 사람이 적지 않아요. 여러분 주위의 친척 형이나 언니에게 물어봐도 신통치 못한 대답을 듣기가 쉽죠. 제가 여러분 나이 때에도 똑같은 걸 느꼈었는데, 그때 참 답답했었거든요. 나중에 시간이 한참 지난 후에야 '아, 엔지니어란 이런 일을 하는 사람이구나!' 하고 깨달았고, 좀 더 일찍 알았더라면 하는 아쉬움이 있었어요.

 저는 공대를 졸업하고 기아자동차와 삼성SDS에서 엔지니어로 오래 일을 했어요. 자동차와 IT가 서로 다른 분야지만 테크놀로지를 이용해 세상을 이롭게 한다는 엔지니어의 일 자체는 똑같았죠. 미국에서 공학 박사 학위를 받은 후에는 비즈니스 공부도 해보고 싶어서 유럽에서 MBA를 취득하고 금융 분야에서 일을 해왔어요. 그러다 테크놀로지 기반의 스타트업에 투자하고 성장시키는 벤처캐피털리스트가 되었죠. 저는 투자를 하면서 글을 쓰고 강연도 하고 있지만 '엔지니어'라는 제 정체성을 내려놓을 생각은 없어요. 왜냐하면 세상에서 가장 중요한 역할을 하기 때문에 그래요.

아마도 여러분은 '공학이 과학과 뭐가 다르지?' 하는 의문을 가져봤을 것 같아요. 혹은 공학이란 과학에 딸린 무언가라고 생각했을지도 모르겠어요. 과학이 우선하고 그 외의 다른 것들, 즉 기술, 공학, 엔지니어링 등이 과학으로부터 파생됐다는 주장은 사실과 달라요. 과학이 먼저라는 생각은 하나의 신화라고 말할 수 있어요. 그러한 신화는 교묘한 방식으로 재생산되고 주입되죠.

여러분이 사는 세상에는 두 종류의 사람이 있어요. 하나는 직접 행동하는 사람이에요. 다른 하나는 입으로 평만 하는 사람이죠. 지금으로부터 약 100년 전만 해도 우리나라에선 후자가 많았어요. 테니스를 즐기던 미국 선교사들을 보고 "저런 육체 활동은 아래 것들을 시키면 되는데, 왜 땀을 뻘뻘 흘리며 저러고 있냐?"라고 말한 사람들이었죠. 지금 그런 말을 하면 제정신이 아닌 사람으로 취급받겠죠. 비유하자면 여러분은 세계 테니스 챔피언 로저 페더러가 되고 싶나요, 아니면 그의 경기를 보며 박수 치는 사람이 되고 싶나요? 엔지니어는 직접 행동하는 사람이에요. 말하자면 페더러인 셈이죠.

저는 이 책에서 엔지니어링이 무엇보다 중요하다는 설명을 하려 해요.

이를 통해 공학에 관심을 가진 여러분이 그 진면모에 대해 제대로 인식하게 되기를 희망하죠. 같은 목적을 갖고 쓴 『엔지니어 히어로즈』와 『혁신의 파』라는 책의 프리퀄과도 같은 이 책은 엔지니어 시리즈 3부작을 새롭게 완성하는 책이 될 거예요. 이 책을 통해 여러분이 원하는 만큼 공학이 무엇인지, 그리고 엔지니어가 무엇을 하는 사람인지 깨닫게 되기를 기대해요.

2019년 5월
자택 서재에서

권오상

엔지니어링과 과학의
개념적 차이는 작지 않다

엔지니어링과 과학의 비교에 대해 낯설어하는 사람들이 있을 것 같다. 이보다는 과학과 기술, 혹은 연구와 개발 쪽이 익숙하게 들린다. 이러한 한 쌍의 단어는 엔지니어링과 과학의 대조 관계에 어느 정도 관련이 있다. 이 책의 주제를 본격적으로 다루기에 앞서 관련 개념들을 살펴보도록 하자.

영어권 국가에서 사이언스와 테크놀로지는 별개의 대상이다. 한국에서는 둘을 하나로 묶어 과학기술이라고 부르며 과학과 기술이라고 나눠 말하는 경우도 있다. 반면에 기술과 과학이라고 말하는 경우는 아예 없다. 누군가가 기술과 과학이라고 말하면, "아, 과학과 기술이요?" 하고 그 순서를 정정하려고 드는 사람도 적지 않다.

이와 같은 단어의 순서는 개념 간 상대적인 지위 혹은 인식을 은연중에 드러낸다. 한 가지 예로 서로 라이벌로 여기는 한국 사립대학교 두 곳의 정기 체육행사를 생각해보자. 이걸 고연전으로 부르느냐 아니면 연고전으로 부르느냐는 일부 사람에겐 몹시 민감한 주제다. 가령 연세대학교에서 공부했던 사람이라면 고연전이라는 단어에 거부 반응을 보인다.

과학과 기술을 비교했을 때, 대부분 사람은 과학이란 사물의 근본 원리를 설명하는 것으로 이해한다. 과학의 세계관은 개개의 사건을 지배하는 원리를 당연하게 여긴다. 그러한 세계에 우연과 운이 설 자리는 없다.

과학의 원리는 법칙 혹은 이론의 형태로 표현된다. 복잡해 보이는 세상사도 그러한 법칙을 깨닫고 나면 전적으로 이해할 수 있다는 게 과학의 세계관이다.

반면에 기술은 과학보다 지적 수준이 얕은 것으로 이해하는 경우가 많다. 기술은 유용하긴 하나 과학이라 부를 정도의 근본적인 원리에 도달하지 못한 대상이라는 식이다. 과학지상주의자의 측면에서 보면 기술이 과학보다 지적 수준이 얕은 이유는 분명하다. 과학은 자신의 내적인 논리를 따르지만 기술은 실제적인 응용을 염두에 두기 때문이다.

연구와 개발도 유사한 맥락이다. 과학과 기술의 비교가 지적 수준에 따른 상대적인 차이라면, 연구와 개발의 대비는 행위의 선후 관계에서 비롯된 상대적 차이를 함축한다. 과학지상주의자에게 연구는 사물의 근본 원리를 찾는 근원적인 행위이자 신성한 과학을 행하는 방법이다.

이들에게 개발은 저차원적인 행위에 불과하다. 개발이란 연구로 발견된 원리를 단순히 적용하는 데 지나지 않는다고 생각하기 때문이다. 이들은 개발을 통해서 연구를 진행할 수 있다고 생각하지 않는다. 이들은 연구가 선행되어야만 개발도 가능하다는 논리를 당연하게 여긴다. 그렇기에 과학지상주의자에게 과학의 영역에서 행해지는 행위는 연구로 인정되고, 기술의 영역에서 행해지는 행위는 언제나 개발로 취급된다.

사실 과학이라는 말에는 두 가지 의미가 공존한다. 하나는 고차원적인 원리로서의 과학이다. 다른 하나는 분야 또는 영역으로서의 과학이다. 사람들이 과학이라는 말을 쓸 때는 영역으로서의 과학을 의미하는 경우가 많다. 말하자면 과학은 수학, 물리, 화학, 생물학 등과 같은 분야를 총칭하는 단어다. 전체집합을 가리키는 일종의 호칭인 셈이다.

여기서 주의해야 할 사항이 있다. 영역으로서의 과학과 원리로서의 과학은 사실 별개라는 점이다. 느슨하게 같은 단어를 사용하고 있지만, 이는 엄밀하지 못한 구분이다.

과학보다 저차원적인 원리로서의 기술과 그 기술을 응용하는 행위인 개발에 대응된다고 여기는 분야가 바로 엔지니어링이다. 분야의 관점에서 바라보았을 때 엔지니어링과 과학을 구별하는 한 가지 기준은 해당 분야가 대학교의 어느 단과대학에 소속되어 있느냐다. 자연과학대학에 속한 분야는 과학이고, 공과대학에 속한 분야는 엔지니어링이라는 식이다.

공학이라는 단어는 영어의 엔지니어링을 번역한 말이다. 그런데 우리말에서 공학이 갖는 의미는 영어에서 엔지니어링이 사용되는 의미보다 한참 좁다. 우리말의 공학은 분야의 의미만 있다. 반면에 영어의 엔지니어링은 분야뿐만 아니라 행위도 의미한다. 어떤 면으로는 분야보다 행위의 의미가 더 크다. 한국말로 '공학함'이라는 말은 어색하게 들린다. 영어의 엔지니어링은 글자 그대로 '엔지니어가 하는 일 혹은 행위'다. 일을 행하는 방식과 행동에 대한 강조가 단어에서 저절로 드러난다.

우스갯소리처럼 들릴 수도 있지만 '좋은 건 과학, 나쁜 건 공학'이라는 사회의 인식이 있다. 똑같은 분야여도 뭔가 부정적인 이야기를 할 때는 공학이라 부르고, 칭찬하고 싶을 때는 과학이라 부른다. 묘한 이분법이다.

1881년, 오스트리아-헝가리 제국에서 태어난 테오도르 폰 카르만의 이야기를 해보겠다. 카르만은 왕립 요제프 기술대학에서 엔지니어링을 공부하고 독일의 괴팅겐 대학에서 엔지니어링으로 박사학위를 받았다. 왕립 요제프 기술대학은 오늘날 부다페스트 기술경제대학의 전신이다. 카르만의 박사과정 지도교수는 유체역학 분야에서 유명한 루트비히 프란틀이다. 카르만은 이후 미국으로 건너가 미국 항공우주국(NASA)의 핵심 연구소인 제트 프로펄션 랩(JPL)을 창립했다. 이어서 미국의 로켓 개발과 초음속항공기 개발 등에서 큰 업적을 남겼다.

카르만을 기념해 1992년에 발매된 우표에는 흥미로운 일화가 있다. 기념 우표에는 카르만을 항공우주 과학자(Aerospace Scientist)로 소개했다. 카르만이 미국 우주 개발의 아버지라는 점은 틀림없는 사실이다. 그러니 엔지니어보다는 과학자라는 칭호가 더 어울린다고 생각했던 모양이다.

1992년에 발매된 기념 우표(출처_이베이)

아이러니한 일은 카르만이 자신을 엔지니어로 간주했다는 점이다. 나아가 그는 과학자와 엔지니어가 어떻게 다른지를 명확히 규정하기도 했다. 그에 의하면 '과학자는 있는 것을 공부하는 사람'이고, '엔지니어는 없던 것을 창조해 내는 사람'이다. 그에게 엔지니어란 자랑하고 싶은 정체성이었다.

비슷한 사례가 또 있다. 1960년대에 미국에서 출간된 『엔지니어와 그의 직업』이라는 책에 나오는 이야기다. 그 당시 미국은 소련과의 우주 경쟁에서 승리하기 위해 로켓 개발에 최선을 다하고 있었다. 그러나 미국이 개발했던 모든 로켓이 성공적이지는 않았다. 일부는 발사 도중 지상이나 혹은 창공에서 폭발해버렸다. 흥미로운 점은 로켓이 성공적으로 발사되면 '과학적 성취'라고 칭송받았고, 반면에 실패한 발사는 '엔지니어링의 실패'라고 불렸다는 것이다.

부정적인 의미로 공학이라는 단어를 사용하는 일은 비단 전형적인 엔지니어링 분야에만 국한되지 않는다. 가장 대표적인 예가 바로 정치공학이다. 정치공학은 정치인들이 정권을 쥐기 위해 동원하는 온갖 수단을 지칭한다. 법률과 규정을 자신들에게 유리하게 고치고, 정치인의 특정 이미지를 꾸며 내기 위한 각종 수단이 정치공학에 속한다.

게리맨더링(Gerrymandering)이라는 단어는 정치공학의 꽃과도 같다. 1812년, 미국 매사추세츠 주의 주지사였던 엘브리지 게리는 자신이 소속된 공화파에 유리하게 주 상원의원 선거를 치르고 싶었다. 매사추세츠 주의 민심은 연방파를 지지하는 쪽이었다. 게리는 선거구를 임의로 재조정하는 규정을 공포했다. 공화파에 유리하도록 선거구를 나누고 붙인 결과 주 상원은 공화파의 손에 남았다. 그러나 게리 자신은 같은 해에 치러진 주지사 선거에서 낙선했고, 주 하원도 연방파가 장악했다. 게리의 삐뚤삐뚤한 손장난 때문에 주 상원의원 선거에서만 주민들의 의사가 우롱당한 셈이었다. 게리가 맘대로 조정한 선거구는 지도상으로 도롱뇽, 영어로 샐러맨더(salamander)처럼 보였다. '게리가 만든 도롱뇽 짓'이라는 뜻에서 게리맨더링이라는 신조어가 생겼다.

게리가 조정한 선거구를 풍자한 만화

선거에서 이기기 위해 때로는 불법도 감수하는 일을 정치공학이라고 부른다면, 사회에서 사람들을 특정한 의도대로 조종하려는 시도를 사회공학이라고 부른다.

사회공학의 가장 대표적인 예는 광고와 마케팅이다. 광고 분야에는 잠재의식 광고라는 기법이 있다. 생리심리학 실험에 의하면 사람은 24분의 1초보다 빠른 주기로 바뀌는 화면을 의식하지 못한다. 일부 심리학자들은 24분의 1초보다 빠르게 바뀌는 화면을 의식하지는 못하지만, 무의식의 영역에서 익숙해진다고 주장했다. 이게 사실이라면 아무도 모르게 사람들을 세뇌하는 게 가능해진다. 무의식적으로 노출된 특정 상품에 친숙함을 느껴서 구매로 이어질 수도 있기 때문이다. 이러한 기법의 사용은 당연히 법으로 금지되었다. 그리고 개인 정보나 회사 기밀 등을 속여 누설시키는 최근의 사기 행위에 대해서도 사회공학이라는 말을 쓴다.

금융에도 공학이 있다. 이른바 금융공학의 시발점은 1970년대였다. 소련이 1957년 인류 최초의 인공위성 스푸트니크와 1961년 세계 최초의 유인 우주선 보스토크를 발사하자 미국은 깊은 충격에 빠졌다. 제2차 세계대전 승리 이후 세계 최고를 자부하던 미국은 우주 경쟁에서 소련을 따라잡기 위해 전력을 다하기 시작했다. 그 시발점은 미국 대통령 직속기구인 항공우주국의 설립이었다. 미국 항공우주국에는 엄청난 규모의 자금과 인력이 투입되었다.

물리학은 그러한 미국 정부의 지원으로부터 가장 큰 혜택을 받은 분야였다. 대학교마다 물리학 박사과정 학생 수가 급격히 증가했다. 이들을 가르칠 물리학 교수도 더불어 큰 폭으로 늘었다. 물리학 지식으로 무장한 이들은 미국의 우주 개발과 소련과의 군비 경쟁을 위한 다양한 군사 프로젝트에 투입되었다. 이들은 넘쳐나는 정부 예산을 마음껏 누렸다.

하지만 좋은 시절은 영원하지 않았다. 첨예하게 대립하던 동서 간의 냉전 체제는 1970년대 후반 미국과 소련 간의 데탕트를 계기로 완화됐다. 이러한 긴장 완화와 화해의 물결 속에서 우주 개발과 군비 경쟁의 중요성은 사라졌다. 대규모 예산 삭감이 뒤를 이었고, 물리학 관련 일자리는 줄어들었다. 이미 대학에 자리를 잡은 교수들은 그나마 형편이 나은 편이었다. 대학원을 갓 졸업한 물리학 박사들은 취직할 곳을 찾을 수 없었다. 갑자기 백수 신세가 된 이들을 찾는 곳이 의외로 한 군데 있었다. 바로 월가로 대변되는 미국의 투자은행이었다. 그들은 점차 복잡해지는 금융상품을 관리하고 개선하기 위해 물리학 박사들이 보유한 수학 지식이 필요했다.

금융공학은 지난 40여 년간 금융 분야 혁신의 최전선이었다. 하지만 그 혁신은 꼭 긍정적이라고 볼 수만은 없었다. 금융공학에 기반한 파생

금융거래는 금융시장의 불안정성을 키우고, 시장에 천문학적 규모의 손실을 입힌 주범이기도 했다.

여기서 문제의 핵심은 공학에 있지 않았다. 금융을 과학, 좀 더 정확하게는 사이비 과학(pseudo-science)의 관점으로 취급한 탓이었다. 그 내용이 오류가 없는 절대 진리라고 여긴 태도가 문제였다. 그런데도 금융공학은 정치공학이나 사회공학과 마찬가지로 부정적이라는 인식이 생겨났다.

이러한 사회의 편견에도 불구하고 공학, 즉 엔지니어링은 세상을 바꾸어 나가는 가장 중요한 원동력이다. 테크놀로지에 의한 혁신은 엔지니어링 활동을 부르는 다른 말에 불과하다. 공학이라는 말에 은연중에 배어 있는 부정적인 느낌을 떨치기 위해서도 엔지니어링의 본질을 깨달을 필요가 있다.

이어 나올 1장에선 엔지니어링이 과학에 우선한다는 이야기를 본격적으로 해보겠다.

1장
과학의 어머니,
엔지니어링

투자은행의 트레이더였던 나심 탈레브는 『블랙 스완』과 『안티프래질』 등의 책을 통해 불확실성의 철학자 반열에 올랐다. 탈레브는 『안티프래질』에서 다음을 지적했다. "새가 나는 방법에 대한 이론을 어떤 과학자가 최초로 밝혀냈다고 해서 새가 날게 되는 것은 아니다. 새는 이미 오래전부터 날고 있었다." 이는 곧 엔지니어링과 과학의 관계기도 하다. 이번 장에서는 그러한 전후 관계를 여러 사례를 통해 알아보겠다.

엔지니어링은 과학이
탄생하기 전부터 존재했다

항공역학과 라이트 형제

하늘을 나는 일은 인류의 오랜 꿈이었다. 그리스신화에 나오는 이카로스의 이야기는 하늘을 날고 싶은 꿈이 반영된 결과였다.

그러한 꿈이 인류 최초로 실현된 것은 18세기 후반이었다. 그 선구자는 종이 제조업자였던 프랑스의 몽골피에 형제였다. 이들은 종이나 직물로 만든 주머니를 가열하면 주머니가 떠오른다는 사실에 주목했다. 몽골피에 형제는 조그만 규모의 시제품으로 시도해 1783년 6월에는 열기구를 1,000미터 상공까지 띄우는 데 성공했다. 같은 해 11월에는 두 명의 사람이 직접 열기구에 올라탔다. 인류 최초의 유인 비행 기록이었다. 그러나 단지 위로 뜨기만 했을 뿐 새의 비행에 비견하기 어렵다는 한계가 뚜렷했다. 사람들은 위로 뜨는 것 이상을 욕심냈다.

그로부터 약 100년 뒤인 1891년에 새로운 돌파구를 찾았다. 독일인 오토 릴리엔탈이 새의 모양을 본떠 글라이더를 만들었다. 자체의 동력원이 없는 글라이더는 활공만 가능했다. 그렇지만 바람이 충분하면 새와 비슷한 비행이 가능했다. 1893년에 만든 날개 길이 14미터, 무게 20킬로그램의 글라이더는 릴리엔탈을 태우고 15미터를 날았다. 1895년, 릴리엔탈은 활공거리 기록을 350미터까지 늘렸다. 2천 회 이상의 활공시험을 직접 수행했던 릴리엔탈은 1896년 8월 9일 글라이더의 추락으로 사망했다.

릴리엔탈과 그가 만든 글라이더

이제 관건은 유인 동력 비행이었다. 글라이더에 엔진이 있었다면 릴리엔탈은 추락과 죽음을 피할 수 있었다. 글라이더에 엔진을 다는 것은 이미 1896년에 입증되었다. 미국인 새뮤얼 랭글리는 프로펠러 엔진이 장착된 글라이더, 일명 '에어로드롬'을 만들어 1,000미터 이상의 비행에 성공했다. 다만 이는 사람이 타지 않은 무인 비행이었다.

랭글리는 당대 최고의 과학자라고 할 만한 사람이었다. 1834년에 태어난 랭글리는 하버드 대학의 천문대에서 근무한 후 미국 해군대학과 피츠버그 대학의 천문학 교수로 일했다. 수학과 천체물리학을 가르친 그는 1887년에 스미스소니언 협회의 회장이 되었다.

랭글리의 과학적 업적은 별처럼 빛났다. 1878년, 그는 적외선 복사 측정장치인 볼로미터를 개발해서 세계 최초로 달 표면의 온도 측정을 시도했다. 볼로미터를 이용한 연구 업적은 전 세계의 저명한 학회에서 두루 인정을 받았다. 영국 왕립학회는 1886년에 럼포드 메달을 랭글리에게 수여했다. 이 메달은 열역학이나 광학 분야에서 중요한 업적을 남긴 과학자에게 격년으로 수여하는 메달이었다.

같은 해에 미국 과학아카데미는 랭글리에게 헨리 드레이퍼 메달을 주었다. 이는 천체물리학에 지대한 공헌을 한 과학자에게 주는 상이었다. 이 메달을 만든 이유가 바로 랭글리에게 상을 주기 위해서였다. 랭글리는 헨리 드레이퍼 메달의 최초 수상자였다. 프랑스 과학아카데미도 빠지지 않았다. 1893년,

새뮤얼 랭글리

장센 메달을 랭글리에게 수여했다. 랭글리는 그 당시 세계 3대 과학아카데미가 인정한 최고의 과학자였다.

그런데 넘볼 수 없는 과학자의 표상과도 같은 랭글리와 경쟁을 벌이던 사람들이 있었다. 겉보기론 무리한 시도였다. 경쟁의 목표는 세계 최초로 유인 동력 비행기를 개발하는 것이었다. 랭글리는 유인 동력 비행기를 남보다 먼저 개발하기 위해 전력을 다했다. 무인 동력 비행에 최초로 성공한 랭글리가 유인 동력 비행에 곧 성공하리란 점은 누구에게도 분명해 보였다.

게다가 랭글리와 경쟁하던 이들의 경력은 과학하고는 너무나 거리가 멀었다. 단적으로 이들의 직업은 자전거 수리공이었다. 이들은 기계완구와 자전거를 만들고 수리하는 일로 생계를 꾸렸다. 최종학력은 고등학교 졸업이었다. 학력, 직업, 사회적 지명도, 재정적 지원까지 어느 면으로도 랭글리의 상대가 될 수 없었다. 이들이 택한 개발 방법도 랭글리의 방법과 동떨어졌다. 한마디로 이 경쟁은 아예 시작조차 불가능해 보였다.

랭글리는 저명한 과학자답게 유인 동력 비행의 문제를 이론의 문제로 바라봤다. 랭글리는 어렸을 때부터 새에 관심이 많았다. 자라면서 그의 관심은 자연스럽게 하늘과 천체로 확장됐다. 그게 랭글리가 천체물리학을 공부한 이유였다. 그는 물리학을 통해 새의 비행과 유인 동력 비행을 공식으로써 표현할 수 있다고 믿었다.

보다 구체적으로 랭글리는 충분한 양력과 추력의 확보가 유인 동력 비행기의 성공 여부를 결정 짓는다고 생각했다. 이를 위해선 고출력 엔진의 개발이 가장 중요했다. 미국 의회는 랭글리를 전폭적으로 지지했다. 든든한 재정적 지원을 등에 업은 랭글리는 1896년 이래로 7년 동안 고출력 엔진의 개발에만 몰두했다. 그는 자신이 옳다고 믿고 있는 항공역학 이론에 따라 필요한 엔진의 무게와 출력을 계산했다. 엔진이 개발될 때까지 실제 비행 시험에는 아무런 관심을 두지 않았다.

엔지니어인 자전거 수리공들이 택한 방법은 달랐다. 그들은 우아한 이론의 세계와는 담을 쌓았다. 이들이 택한 방법을 한마디로 정의하면 시행착오법이었다. 말하자면 반복적인 테스트와 끊임없는 실패, 그리고 그 실패의 경험을 통해 점진적으로 개선해 나가는 경험적인 방법이었다.

이들은 비행기의 비행 원리가 자전거와 크게 다르지 않다고 생각했다. 균형을 잡기 위해 끊임없이 자전거 핸들을 조종하듯이, 비행기도 조종할 수 있어야 한다고 믿었다. 문제는 이를 어떻게 달성할 수 있을까였다. 그들은 1,000번이 넘는 실험을 통해 날개 끝부분이 조종에 중요하다는 사실을 깨달았다. 날개 끝부분을 조종하려면 방향키가 필요했다. 이들은 손수 만든 방향키를 자신들의 비행기에 추가했다.

그리고 날개의 모양도 중요한 요소였다. 이들은 이론적인 완벽함에는 관심이 없었다. 200여 개가 넘는 날개를 직접 만들어 어떤 모양이 비행에 유리한지 일일이 파악했다. 이 모든 시험은 미완성의 불완전한 비행기에 직접 몸을 실어야만 가능했다. 이들은 비행을 지속할 수 있는 제어 방법을 몸으로 체득하기 위해 목숨을 걸고 비행기에 올라탔다. 이들은 비행을 묘사하는 이론과 수식을 찾으려 하지 않았다. 오직 현실에서 비행을 지속할 수 있는 실제 방법을 찾는 데만 몰두했다. 이들의 방법은 한마디로 과학이 아니라 예술 혹은 기술이라고 불릴 만한 것이었다.

1903년 10월 7일, 7년간의 연구를 마친 랭글리는 공개 비행에 나섰다. 그러나 비행은 실패로 끝났고, 약 두 달 후인 12월 8일 포토맥강에서 재차 비행에 나섰지만 결과는 또 실패였다. 미국 의회는 랭글리에 대한 재정적 지원을 거둬들였다. 랭글리가 망신을 당하긴 했지만 여론은 여전히 우호적이었다. 랭글리가 실패했다면 누구라도 실패할 수밖에 없다는 논리였다. 《뉴욕타임스》는 다음과 같은 사설로써 랭글리를 두둔했다. "유인 동력 비행기의 개발은 언젠가는 가능하겠지만 아마도 과학자들이 백

랭글리의 첫 번째 공개 비행

플라이어 1호의 시험 비행

만 년 또는 천만 년 정도는 더 연구해야 가능할 것 같다."

그로부터 정확히 9일 후인 12월 17일, 두 자전거 수리공은 노스캐롤라이나 주 키티호크에서 자신들의 비행기로 시험 비행에 나섰다. 12미터 길이의 날개와 283킬로그램의 무게, 그리고 12마력의 가솔린 엔진을 장착한 '플라이어 1호'였다. 이들의 비행기는 첫 번째 시도에서 12초 동안 36미터를 날았다. 그게 끝이 아니었다. 마지막이었던 그날의 네 번째 시도에서는 59초 동안 244미터를 비행했다. 완벽한 성공이었다. 드디어 유인 동력 비행기의 시대가 도래한 셈이었다.

비행 성공을 목격한 증인들과 함께 이들은 여러 신문사에 비행 성공 소식을 알렸다. 한 신문사 편집장은 "인간은 날 수 없고, 설혹 날았다고 하더라도 일상생활에 하등 달라질 게 없다."라며 전보를 구겨버렸다. 또 다른 신문사는 "비행이라고 하기엔 시간이 너무 짧다."라며 무시했다. 그럼에도 불구하고 마침내 비행에 성공했다는 소식이 미국 전역에 알려졌다. 이 소식에 너무도 크게 낙담한 랭글리는 시름시름 앓다가 3년 후에

윌버 라이트   오빌 라이트

세상을 떠났다.

앞의 두 자전거 수리공의 이름은 윌버 라이트와 오빌 라이트다. 바로 그 라이트 형제다.

뉴턴 역학과 건축토목 엔지니어링

아이작 뉴턴은 물리학의 기본 토대인 역학(Mechanics)을 창시한 사람이다. 역학은 자연계의 힘과 에너지를 다루는 분야다. 뉴턴이 창시한 이른바 고전역학 혹은 뉴턴 역학은 양자의 세계에서 성립하는 양자역학(Quantum Mechanics)이 나오기 전까지는 자연계에서 성립하는 유일한 법칙으로 인정받았다. 양자역학이 알려진 이후에도 우리가 경험하는 통상적인 영역에서 뉴턴 역학은 여전히 유효하다.

지금도 뉴턴 역학을 배우는 학과는 적지 않다. 물리학과는 당연하거니와 엔지니어링을 배우는 기계공학, 조선공학, 토목공학, 건축공학 등에

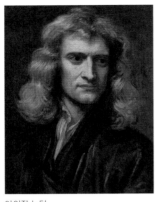

아이작 뉴턴

서도 학부 저학년 때부터 뉴턴 역학을 가르친다. 뉴턴은 자연과학의 영역에서 현재까지도 유효한 이론 체계를 세운 과학계의 거인 중의 거인이다. 2005년, 영국 왕립학회 회원을 상대로 벌인 설문조사는 뉴턴의 위대함을 잘 보여준다. '뉴턴과 알베르트 아인슈타인 중 누가 더 과학사에 영향을 끼치고 인류에 공헌했다고 생각하는가?'라는 질문에 아인슈타인보다 뉴턴을 고른 회원이 더 많았다.

그렇다면 뉴턴이 태어나서 그의 역학이 세상이 알려지기 전까지 사람들은 아무것도 하지 못했을까? 뉴턴 역학이 존재하지 않는다면 그에 기반을 둔 각종 공학도 당연히 성립될 수 없어야 마땅할 듯싶다. 뉴턴은 1642년에 태어나 1727년에 사망했다. 과학으로부터 엔지니어링이 따라나온다면 1600년대 이전에는 엔지니어링이라 할 만한 분야가 존재하지 않았어야 한다.

그러나 뉴턴이 태어나기 한참 전부터 사람들은 건물을 짓고 다리를 건설하고 구조물을 만들어 왔다. 역사가 시작된 이래로 인류는 자신들이 거주할 집을 지었다. 낮은 단층 주택을 지을 때도 지구의 중력을 견딜 수 있는 재료를 선택하고, 이를 구현하기 위한 적절한 디자인과 구체적인 시공 방법은 필수였다. 다시 말해 이는 더도 덜도 말고 건축 엔지니어링의 영역에 속하는 일이었다.

더 확실한 예가 있다. 중세의 가톨릭교회는 종교적인 열정에 휩싸여

대표적인 고딕 건축물인 독일의 쾰른 대성당

이전까지 존재하지 않던 엄청난 높이의 대규모 성당과 수도원을 다수 건축했다. 오늘날 우리가 고딕 건축이라고 부르는 양식이다. 이를 위해 여러 가지 새로운 요소들이 도입되었다. 첨두 아치와 리브 볼트, 그리고 플라잉 버트레스와 같은 것들이 그 예다. 이러한 요소들이 없었다면 현재의 기준으로도 외경심을 자아내는 고딕 건축물은 불가능했다. 가장 대표적인 사례는 워싱턴 기념탑이 세워지기 전까지 세계에서 가장 높은 인공 구조물이었던 독일의 쾰른 대성당이다. 쾰른 대성당은 뉴턴이 태어나기 약 400년 전인 1248년부터 건설이 시작되어 1880년에 완공되었다.

또 다른 예로 다리가 있다. 나무 기둥 등을 이용하는 형교를 비롯하여 돌을 사용한 아치교 등이 역사가 시작된 이래로 존재해왔다. 로마 시대에는 도시에 물을 공급하기 위한 석조 수도교가 지어졌다. 이러한 수도교는 로마뿐만 아니라 프랑스와 스페인 등에서도 현재까지 남아 있다.

로마 시대에 만들어진 수도교

현존하는 오래된 다리들은 거의 예외 없이 돌로 제작된 아치교다. 뉴턴 역학 없이도 튼튼하게 잘 만들어졌기에 가능한 일이다.

아치교와 다른 기술을 기반으로 한 다리도 예전부터 제작됐다. 대표적인 예로 현수교가 있다. 현수교는 강철로 만든 쇠줄을 통해 다리의 상판을 지지하는 방식의 다리다. 현대에 만들어진 것으로 착각하기 쉽지만 사실 현수교는 담쟁이덩굴 등의 재료를 활용해 옛날부터 만들어졌다. 다리의 뼈대를 삼각형 모양의 격자로 구성해 하중을 지탱하는 이른바 트러스 구조도 이미 14세기에 활용되기 시작했다. 이처럼 토목 엔지니어링이 뉴턴 이전에 이미 존재하고 발전해온 것은 명백한 사실이다.

토목 엔지니어링은 영어의 시빌 엔지니어링을 번역한 말로서 그 어원이 흥미롭다. 영어의 시빌(Civil)에는 토목이라는 뜻이 없다. 시빌 엔지니어링이라는 말은 18세기 영국에서 처음으로 만들어졌다. 그전까지 엔지니어링은 군사적 목적의 기술만을 지칭하는 말이었다. 그러다 민간이 필요로 하는 건물과 교량, 도로, 운하 등을 만들면서 시민을 위한 엔지니어링을 지칭하는 말로 생겨났다.

뉴턴 역학 이전의 엔지니어링으로 건축과 토목이 전부일까? 그렇지 않다. 배를 만드는 조선 엔지니어링의 영역도 있다. 조선 엔지니어링이 다루는 배나 선박은 전적으로 뉴턴 역학의 범주에 속하는 대상이다. 배 역시 선사 시대부터 존재해왔다. 원시인들은 오랜 경험과 관찰, 그리고 시행착오를 통해 물에 뜨는 방법을 찾아냈다. 그 결과 이미 고대 그리스 로마 시대에 대형 전투 함선을 제작해 함대 간 전투를 벌였다. 사실 조선 엔지니어링의 역사는 곧 해군의 역사 그 자체다. 우리가 조선공학으로 번역하는 원래의 영어 단어는 네이벌 아키텍처(Naval Architecture)로, 직역하면 '해군 건축'이다.

화학과 연금술

과학의 여러 분야 중에서 어느 분야가 더 중요한가에 대해 논쟁을 하는 사람이 종종 있다. 대개 그러한 논쟁은 수학 분야에 속한 사람과 물리학 분야에 속한 사람 사이에 벌어진다. 버클리 대학에서 박사과정에 있을 때 나는 비슷한 논쟁을 지켜본 적이 있다. 특히 당시 물리학 박사과정에 있던 후배는 물리학이 아닌 다른 모든 분야에 대한 경멸을 감추지 않았다. 각각의 분야엔 고유의 가치가 있다고 생각하던 나에겐 지나친 태도였다. 지켜보던 나는 후배에게 물었다. "물리학이 수학보다 더 중요하다고 생각하는 이유가 있어?" 후배는 자신 있게 대답했다. "물리학은 노벨상이 있지만, 수학은 없으니까요."

과학계에는 암묵적으로 인정되는 서열이 있다. 사람에 따라 다르긴 하지만 대개 다음과 같다. 현대의 과학은 경험적 지식 체계보다 연역적 지식 체계가 더 근본적이라는 관점을 취한다. 그런 관점에서 보면 수학이 가장 근본적이며, 그 뒤를 물리학과 화학이 차례로 뒤따르고, 가장 경험적이고 잡다한 생물학이 제일 격이 떨어진다는 식이다. 물론 생물학을 하는 사람들은 겉으로는 이에 동의하지 않는다.

이러한 서열에 가장 불편함을 내비치는 쪽은 의외로 물리학자다. 물리학을 공부한 적지 않은 사람들은 물리학이 수학보다 더 중요하다는 생각을 거리낌 없이 표출한다. 사실 이들은 분야 간의 우열을 이야기하고 있지 않다. 좀 더 정확하게는 사람 간의 우열을 이야기하고 있다. 물리를 공부한 사람 중에는 자신이 수학박사보다 수학을 더 잘한다고 주장하는 사람도 있다. 물리학자가 수학자보다 수학 실력이 더 좋을 수는 있다. 그러나 그게 물리학이 수학보다 우월한 이유가 될 리는 없다.

이러한 일은 엔지니어링 분야에 종사하는 사람들이 보기엔 어이없는 일이다. 기계 엔지니어가 항공 엔지니어링을 보면서 우열을 생각하지는 않는다. 항공 엔지니어가 보기엔 화학 엔지니어링은 쓸모 있고 사회가 필요로 하는 일이다. 화학 엔지니어가 기계 엔지니어링을 보면서 느끼는 감정도 다르지 않다. 다시 말해 엔지니어들은 자신이 잘 모르는 다른 엔지니어링 분야에 대해서 별로 질투의 감정이 없다. 그저 엔지니어링은 모두 유용하고 쓸모 있다고 받아들일 뿐이다.

여기엔 이유가 있다. 엔지니어링은 경험적 지식을 기반으로 한다. 경험은 하루아침에 이뤄지지 않는다. 내가 힘들게 경험을 축적했다면 다른 사람도 나만큼 힘들었으리라 짐작할 만하다. 그렇기에 분야와 상관없이 경험을 통해 축적한 지식이라면 모두 다 존중할 만한 지식이라고 인정하게 된다.

일부 사람의 눈에는 물리학보다 떨어져 보일지언정 화학은 틀림없이 중요한 과학 분야다. 화학은 영어의 케미스트리(Chemistry)를 번역한 말이다. 분야로서의 화학은 17, 18세기에 정립되었다. 케미스트리라는 단어의 전신은 1661년 로버트 보일이 사용한 키미스트리(Chymistry)였다. 키미스트리는 1700년대 초반에 케미스트리로 바뀐 후 오늘날에 이른다.

연금술은 일종의 화학 엔지니어링이었다.

그런데 근세적 의미의 화학은 사실 그 이전부터 존재하던 분야의 연장선상에서 성립되었다. 바로 알케미(Alchemy), 다시 말해 연금술이다. 연금술은 일종의 화학 엔지니어링이라고 할 만한 분야였다. 연금술의 기원은 고대의 이집트나 그리스까지 거슬러 올라간다. 연금술의 역사는 인류의 역사와 거의 궤를 같이한다. 사실 케미스트리라는 단어도 바로 알케미에서 유래되었다.

연금술의 궁극적인 목표는 현자의 돌인 엘릭시르를 만드는 일이었다. 엘릭시르는 실존하지 않는 상상의 물질이었다. 그런 의미에서 연금술사들은 실패할 수밖에 없는 운명이었다. 많은 연금술사가 좀 더 노력을 기울인 일은 납이나 수은 등의 물질을 섞어 금을 만드는 일이었다. 연금술의 기본적인 방법은 반복적인 실험이었다. 그 과정에서 적지 않은 이들이 중금속 중독으로 죽기도 했다. 오늘날엔 연금술사가 가짜 과학을 수행한 사기꾼으로 매도되곤 한다. 하지만 연금술사를 정확하게 표현하면 당대 최고 수준의 지식인이자 엔지니어였다.

과학자들이 잘 언급하지 않으려는 연금술에 관련된 두 가지 역사적인 사실이 있다. 하나는 화학의 창시자로 일컬어지는 로버트 보일이 원래는 연금술사였다는 점이다. 다른 하나는 역학의 창시자 뉴턴이 연금술에 심취해 있었다는 점이다. 뉴턴은 중년 이후 대부분의 시간을 연금술과 성경의 숨겨진 비밀을 찾는 데 바쳤다. 이상적인 과학자라는 이미지가 훼손된다는 이유로 과학계 내에서 이러한 사실의 언급은 금기 사항에 속한다.

연금술이 화학에 선행하는 엔지니어링인 이유는 무엇일까? 그것은 바로 관념이나 이론에 그치지 않고 실제로 물질들을 온갖 방식으로 섞어 새로운 물질을 만들려고 했기 때문이다. 물론 결과적으로 연금술은 금을 만들어내는 데는 실패했다. 그렇지만 연금술이 전부 실패였다고 얘기할 수는 없다. 무수한 실험을 통해 많은 경험적 지식이 인류에게 축적되었기 때문이다. 통상적인 방식과 조건에서 물질을 단순히 섞는다고 해서 금이 생기지 않는다는 사실도 분명 유용한 지식이다.

그러한 살아 있는 지식의 오랜 축적이 있었기에 근대적 의미의 화학이 성립될 수 있었다. 다르게 말하면 연금술이라는 엔지니어링적인 시도가 없었다면 화학은 결코 생겨날 수 없었다. 여기서도 전후 관계를 나타내는 화살표의 방향은 과학에서 엔지니어링으로 흐르기보다는, 엔지니어링에서 과학으로 흐르고 있다.

금융경제학과 차익거래자

경제학에는 금융경제학이라는 분야가 있다. 돈의 본질과 금융에 집중하는 분야다. 금융경제학은 앞에서 잠깐 나왔던 금융공학과는 결이 다르다. 금융공학이 확률미적분학에 기반을 둔다면 금융경제학은 주로 통계학에 기반을 둔다. 금융경제학자들은 물론 자신을 과학자로 여긴다.

금융경제학을 얼핏 살펴보면 상당한 수준의 수학적 이론과 복잡해 보이는 공식으로 가득하다. 그렇지만 그 근원을 찾아 거슬러 올라가면 하나의 원리로 귀결된다. 거의 모든 내용을 하나의 원리로 바꿔 놓을 수도 있다는 뜻이다. 그게 바로 차익거래의 원리다.

차익거래라는 말이 대다수 독자에게 낯설게 들릴 것이다. 번역된 말이 의도하는 뜻은 '가격의 차이를 통해 이익을 보는 거래'다. 예를 들어 사이다와 같은 음료수를 집 앞의 마트에서 사면 천 원 정도다. 가게가 없는 등산로 한가운데에선 이보다 비싸게 팔린다. 그렇다면 집 앞의 마트에서 사서 등산로에서 팔면 그 차이만큼 돈을 번다. 이게 바로 차익거래의 원리다.

차익거래를 뜻하는 영어 단어 아비트라지(arbitrage)는 원래 프랑스어다. 본래의 의미는 '중재한다, 타협시킨다'라는 뜻이다. 어떤 협상에서 합의가 이뤄지지 않을 때 중재위원회에 가는 경우가 있다. 그때 중재를 나타내는 단어가 바로 아비트라지다.

왜 중재를 나타내는 아비트라지를 차익거래라는 뜻으로 사용하게 됐을까? 하나는 돈을 버는 일이고 다른 하나는 의견을 조정하는 일이니 별로 연관성이 없게 느껴지기 쉽다. 서로 의견이 다르면 중재를 통해 중간의 타협점을 찾는다. 프랑스인들은 거래가 중재와 같다고 생각했다.

왜 그런지 보자. 어떤 동일한 물건이 A와 B의 두 시장에서 동시에 거래된다고 하자. 앞서 예로 든 등산로의 사이다처럼 A와 B에서 동일한 물건의 가격이 서로 다른 경우가 있다. 그럴 때 상인들이 나타난다. 가격이 싼 A에서 물건을 산 다음에 가격이 비싼 B에서 판다. 그 가격 차이는 고스란히 상인에게 이익으로 돌아간다. 따라서 상인은 이걸 한 번만 하지 않는다. 물건이 떨어질 때까지 계속하려고 든다.

위와 같은 거래를 중재라고 부를 수 있는 이유가 바로 여기에 있다. 시장 A에서 특정 물건을 계속 사다 보면 결국 가격이 올라간다. 반대로 시장 B에서 계속 내다 팔면 나중엔 살 사람이 줄어들면서 가격이 내려간다. 둘은 언젠가는 하나의 가격으로 '중재'된다. 더 이상 중재할 일이 없으면, 다시 말해 이익이 생기지 않으면 상인은 차익거래를 중단한다. 그리고 다른 차익거래의 기회를 찾아 떠난다.

이러한 차익거래는 아무런 위험을 수반하지 않는다. 그러면서 이익을 볼 수 있다. 따라서 이러한 기회를 포착하기만 한다면 누구라도 차익거래를 하려고 든다. 그렇기 때문에 시장에서 차익거래를 발견하기란 매우 어렵다고 금융경제학은 가정한다. 이를 가리켜 '일가의 법칙(Law Of One Price)'이라는 이름으로 부르기도 한다.

애덤 스미스는 현재 경제학의 아버지로 불린다. 스미스가 1723년에 태어난 것을 생각하면 경제학이 성립된 시기는 18세기 중, 후반이다. 그러니 경제학의 일부인 금융경제학 또한 아무리 일러도 18세기 이전으로 거슬러 올라갈 수는 없다. 그러면 차익거래가 경제학이 성립되기 이전에는 없었을까? 그렇지 않다. 싸게 사서 비싸게 파는 일은 모든 상행위의 기

본 중의 기본이다. 차익거래는 인류의 역사
와 거의 동일 선상에 있다.

애덤 스미스

물론 예전에 차익거래를 했던 사람들이 그
럴듯한 책이나 논문을 쓰지는 않았다. 그들
은 일가의 법칙이라는 현학적인 말도 남기지
않았다. 이에 대해 글을 남기지 않았던 이유
는 한마디로 너무 자명해서다. 뻔한 일이기에
글로 옮길 필요가 없었다는 뜻이다. 혹은 굳
이 이걸 다른 사람에게 알려 내 밥그릇을 내
발로 차는 결과를 가져올까 봐 두려웠을 수도 있다. 하지만 분명한 것은
금융경제학자가 일가의 법칙에 대한 최초의 논문을 썼기 때문에 사람들
이 차익거래를 하고 있지는 않다는 점이다.

이와 비슷한 사례가 또 있다. 금융경제학에서 금과옥조처럼 여기는
내용 중의 하나가 피셔 블랙과 마이런 숄스의 블랙-숄스 공식이다. 블
랙과 숄스는 이 공식을 1973년 정치경제학 저널에 발표했다. 학계에서는
이들의 논문 발표를 파생거래의 일종인 금융 옵션의 시발점으로 간주한
다. 투기거래자와 금융업계가 블랙-숄스 공식을 배우고 나서 옵션 시장
이 형성됐다는 주장이다.

이 공로를 인정받은 숄스는 '알프레드 노벨의 업적을 기리기 위해 스웨
덴 중앙은행이 수여하는 경제과학 분야의 상', 다시 말해 가짜 노벨상을
1997년에 받았다. 블랙은 1995년에 후두암으로 죽어 상을 받지 못했다.
블랙이 살아 있었다면 숄스와 함께 상을 받았을 것이다. 한마디로 학계
의견에 따르면 블랙과 숄스는 금융 옵션의 창세기요, 알파다.

에드워드 소프(출처_유튜브)

　그런데 이조차도 사실이 아니다. 블랙과 숄스가 공식을 발표하기 전부터 이미 같은 방법으로 큰돈을 벌고 있던 사람이 있었다. 그중 한 명이 헤지펀드계의 대부 에드워드 소프다. 소프는 정보이론의 창시자 클로드 섀넌과 함께 세계 최초로 몸에 걸칠 수 있는 컴퓨터를 만들었다. 그는 라스베이거스의 카지노에서 이 컴퓨터를 이용해 돈을 벌었고, 또 수학적인 방법을 통해 블랙잭에서 카지노 딜러를 이기기도 했다. 소프는 이 결과를 미국 수학회지에 발표하고 『딜러를 이겨라』라는 책을 쓰기도 했다.

　소프는 1960년대에 옵션의 일종인 워런트에 주목했다. 워런트를 거래할 때 특정한 포트폴리오를 구성하고 이를 적절히 조정하면 무위험에 가까운 이익을 거둘 수 있다는 사실을 깨달았다. 소프는 단지 공식을 구하는 데 그치지 않고 시행착오를 거쳐 막대한 돈을 벌었다. 당연한 말이지만 그는 이러한 사실을 아무 데도 발표하지 않았다.

　그럼에도 불구하고 소프가 뭔가 알 수 없는 방법으로 돈을 엄청나게 벌어들인다는 소문이 났다. 실제로 블랙은 1973년 논문을 발표하기 전에 소프를 찾아가 의견을 구한 적이 있었다. 블랙은 소프에게 보낸 편지에서 소프의 책으로부터 블랙-숄스 공식의 가장 핵심적인 아이디어를 배웠다고 솔직하게 인정하기도 했다. 물론 학계는 이에 대한 언급을 피한다.

　엔지니어링이 과학에 선행하는 사례는 지금까지 소개한 것보다 훨씬 많다. 1926년, 인류 최초의 액체연료 로켓 발사에 성공한 사람은 미국인 로버트 고더드다. 같은 문제에 도전했던 독일인 헤르만 오베르트는 20년 넘게 수학적인 이론 유도에만 매달렸다. 오베르트의 이론은 고더드가 성공하고 3년 후인 1929년에 완성되었다.

또 다른 예로 노벨 물리학상을 받은 필립 앤더슨에 의하면 유리의 특성을 묘사하는 이론은 고체물리학에서 가장 심오하고 흥미로운 주제 중 하나다. 그 이유는 유리의 특성 중에는 아직도 세상에 밝혀지지 않은 부분이 있기 때문이다. 이것을 완벽하게 설명할 수 있는 이론이 현재로선 존재하지 않는다. 그러한 이론의 부재에도 불구하고 미국 회사 코닝은 100년도 넘게 새로운 종류의 유리를 개발하고 생산하는 사업을 해왔다. 또한 디지털 컴퓨터는 컴퓨터과학이 생기기 전에 이미 개발되었다. 이러한 패턴을 보이는 사례를 모두 다 소개하려다가는 이 책을 완성할 수 없을 듯싶다. 왜냐하면 너무나 많기 때문이다.

▌엔지니어링의 도움 없이는 과학도 없다

앞 절에서 본 바와 같이 과학이 선행하고 엔지니어링이 과학에서 유래됐다는 관념은 허구면서 신화에 가깝다. 그런데도 여전히 과학이 엔지니어링보다 더 중요한 지위를 갖는다고 생각할 사람이 있을 것 같다. 이번에는 각도를 달리해 역사적 선후 관계가 아닌 일반적인 관점에서 엔지니어링과 과학의 관계를 살펴보도록 하자.

▌양자역학과 원자폭탄

양자역학의 정립과 발전은 실로 대단한 성과다. 어찌 보면 양자역학은 수학과 더불어 엔지니어링으로부터 유래되지 않은 몇 안 되는 과학 분야다. 그렇기에 양자역학을 정립한 과학자들을 존경할 수밖에 없다. 양자역학에는 대표적인 인물이 몇 사람 있다. 질량이 에너지와 동등하다는 'E=mc²'라는 공식을 증명한 알베르트 아인슈타인을 비롯하여 원자핵의 구조를 밝혀낸 어니스트 러더포드, 그리고 원자핵분열 이론을 세운 닐스 보어 등이 그 예다. 이들 덕분에 물질의 최소단위로 여겨진 원자도 쪼개질 수 있다는 가정이 세워졌다. 또한 원자가 쪼개지는 과정이 연쇄적으로 발생한다면 엄청난 에너지가 방출된다는 가설도 제기되었다.

그러한 에너지의 양은 기존의 어떠한 에너지원과도 비교가 되지 않을 정도로 컸다. 이게 실제로 존재한다면 시사하는 바가 적지 않았다. 예를 들어 그 에너지를 평화적인 목적에 활용한다면 인류가 필요로 하는 무궁무진한 에너지원을 갖게 되는 셈이었다. 물론 동전의 양면처럼 최악의 시나리오도 가능했다. 만약 그 에너지를 무기로 활용할 경우 인류를 멸망에 이르게 할 수도 있었다. 쓰기에 따라 약이 될 수 있고 독이 될 수 있는 그런 대상이었다.

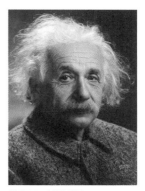

알베르트 아인슈타인

과학이 무엇을 주장하든 간에 과학 그 자체에서 그치면 사실 별다른 의미가 없다. 무슨 말이냐 하면 과학이 세운 이론이 맞건 틀리건 대다수 사람에겐 공상이나 말장난에 불과할 수 있다는 뜻이다. 이러한 최근의 사례로 물리학의 초끈이론이 있다. 초끈이론이 사실이라고 물리학자들이 결론 내릴지라도 이를 통해 우리의 삶이 달라지지 않으면, 이는 흥미로운 이야깃거리에 지나지 않는다.

어니스트 러더포드

원자가 연쇄적으로 분열하거나 융합할 때 엄청난 에너지가 발생한다는 양자역학의 주장은 실제로 입증되기 전에는 만화와 같은 황당한 주장일 뿐이었다. 이를 입증하려면 그러한 시스템을 실제로 만들어야만 했다. 일반인들이 듣기에 황당한 이론을 내세우는 과학자들은 항상 있기 마련이다. 문제는 그것을 검증하기 위한 시스템을 실제로 제작하는 데 필

닐스 보어

요한 시간과 돈이다.

보통 때라면 다이너마이트 수만 톤과 원자폭탄 한 개의 폭발 에너지가 같다는 주장에 귀를 기울일 사람은 없다. 지적 호기심에 그 주장을 검토해 볼 수는 있겠지만 막상 막대한 자금을 투입해 만들겠다고 나설 정부는 드물다. 실제로 물리학자들은 원자력의 존재를 오랫동안 인식해 왔다. 아인슈타인이 'E=mc²'을 발표한 때가 1905년이었다. 그러나 이는 확인되지 않은 가설에 불과했다. 수십 년이 지나도록 이를 직접 실험해 보려는 국가는 없었다. 물리학계를 벗어난 바깥세상은 이를 대수롭지 않게 여기고 무시했다.

그런데 이 황당한 주장에 여러 국가가 관심을 두는 일이 벌어졌다. 바로 전쟁 때문이었다. 제2차 세계대전을 목전에 앞둔 1939년 8월 2일, 아인슈타인은 당시 미국 대통령 프랭클린 루스벨트에게 편지를 썼다. 독일에서 원자력을 이용한 폭탄을 만들고 있으니 빨리 미국도 똑같은 폭탄을 개발해야 한다는 주장이었다. 아인슈타인의 제자였던 레오 실라르드가 독일에서 미국으로 망명하면서 그 소문을 전한 후였다. 루스벨트는 흔들렸다. 양자역학 이론의 검증보다는 국가 안보를 위한 폭탄 제조가 필요하다는 생각이었다. 최소한 시도를 할 필요는 있었다. 미국 정부는 이를 실행에 옮길 돈도 갖고 있었다.

결심을 굳힌 미국 정부가 자국 과학자들에게 원자폭탄을 한번 만들어 보라고 했다. 그러자 과학자들은 난색을 표했다. 그들은 이론만 알고 있을 뿐이지, 실제로 만드는 일은 자신들과 관련이 없다는 입장이었다. 결국 비공식적으로 맨해튼 프로젝트라고 명명된 원자폭탄 개발 프로젝트는 육군 공병대 소장 레슬리 그로브스가 총책임자가 되었다. 공병대는 엔지니어들로 구성된 군대다.

또한 다수의 엔지니어가 폭탄 제조에 투입되었다. 재료 엔지니어, 기계 엔지니어, 화학 엔지니어, 전기 엔지니어 등으로 팀이 구성되었다. 이들은 분야별로 축적된 경험과 지식, 노하우 등을 동원해 원자폭탄을 제조했다. 원자폭탄 제조에 동원된 인원은 모두 13만 명이 넘었다. 또 당시 돈으로 20억 달러의 자금이 소요됐다. 이를 현재의 한국 돈으로 환산하면 약 30조 원이다. 30조 원이면 2019년 한국의 국방 예산의 3분의 2에 달한다.

원자폭탄의 제조는 간단하지 않았다. 가장 큰 문제는 자연상태에 존재하는 우라늄 원광에서 우라늄-235를 뽑아내는 일이었다. 과학 실험실에서 적은 양을 추출하는 거라면 별로 어렵지 않았다. 하지만 실제로 폭탄을 만들 수 있을 만큼의 많은 양을 얻어야 한다는 점이 문제였다. 이는 결코 과학 이론만으로 달성할 수 있는 일이 아니었다.

통상적으로 우라늄 원광에서 뽑아낼 수 있는 우라늄-235의 양은 500분의 1 정도다. 따라서 다량의 우라늄-235를 얻으려면 대규모 공장 시설을 지어 작업을 수행해야 했다. 이는 전적으로 엔지니어링의 영역에 속하는 일이었다. 게다가 문제를 더욱 어렵게 만드는 한 가지 사항이 있었다. 앞의 과정을 통해 얻는 물질의 대부분은 우라늄-238이었다. 이는 핵분열에 도움이 되지 않고 오히려 방해되는 물질이었다. 우라늄-238과 우라늄-235는 동위원소라 화학적인 방법으로는 분리할 수 없었다. 유일한 방법은 기계공학적인 수단을 동원하는 것이었다.

이를 위해 테네시 주 오크리지 등에 신축된 공장에 기체 확산과 열 확산, 전자기력, 그리고 원심력에 의존하는 분리설비가 설치되었다. 1945년

7월 16일, 트리니티로 명명된 실제 테스트에서 세계 최초의 원자폭탄이 폭발했다. 시험용으로 제작된 원자폭탄의 이름은 개짓(The Gadget)이었다. 당시 과학자들은 개짓의 폭발력을 다이너마이트 5천 톤과 같다고 예측했다. 실제 폭발력은 2만 톤으로 밝혀졌다. 제2차 세계대전이 끝난 이후 엔지니어들은 원자력을 평화적인 목적으로 사용하기 위한 원자력발전소를 건설했다.

만약 양자역학이 없었다면 원자력을 이용할 방법은 없었다. 하지만 엔지니어링이 없었다면 마찬가지로 원자력의 이용은 여전히 그림의 떡에 지나지 않았을 것이다. 원자력은 과학 이상으로 엔지니어링에 의해 구현된 결과물이다.

세계 최초의 원자폭탄 '개짓'

천체물리학과 미국 항공우주국(NASA)의 달 착륙

우주는 많은 사람에게 경외와 영감을 불러일으키는 대상이다. 적지 않은 수의 물리학, 천문학 박사가 밤하늘의 반짝이는 별이 좋아서 과학자가 되었다. 그래서일까, 일반인들은 우주와 관련된 일은 모조리 과학이라고 생각하곤 한다.

우주와 관련된 단체 중 가장 유명하기론 아마도 미국의 항공우주국이다. 나사라는 이름으로도 알려진 이곳의 전신은 1946년에 생긴 항공자문위원회(NACA)였다. 이곳의 설립 목적은 제2차 세계대전이 끝나고 입수한 독일의 로켓 V1, V2와 제트전투기 Me 163, Me 262 등에 대한 분석이었다. 다시 말해 항공자문위원회는 군사 기관이었다.

1957년, 소련이 인류 최초의 인공위성 스푸트니크를 발사하자 미국은 충격에 빠졌다. 기술적 관점에서 스푸트니크는 그렇게 인상적이지는 않았다. 고작해야 삑삑거리는 신호를 보내는 게 전부였다. 그러나 미국 언론은 신경증적인 반응을 보였다. 여론에 떠밀린 미국 정부는 뭔가를 해야 하는 처지에 놓였다.

1958년 10월 1일, 항공자문위원회는 항공우주국으로 개편되었다. 이제 미국의 관심은 항공에 그치지 않고 공식적으로 우주까지 그 영역을 넓혔다. 사실 우주에 대한 군사적 개발은 이미 1958년 2월에 설립된 고등연구사업국에 의해 시작되었다. 고등연구사업국은 나중에 좀 더 분명한 이름인 국방고등연구사업국으로 이름을 바꿨다.

그러면 나사에서 수행한 일은 모두 과학에 속할까? 그런 경우도 있지만, 아닌 경우가 더 많다. 아닌 경우란 바로 엔지니어링이다. 나사 직원

중 과학자라는 호칭을 가진 이들도 있긴 하다. 알고 보면 이들은 소수다. 대다수 직원은 엔지니어다. 한국에선 엔지니어 그러면 뭔가 격이 낮아 보이고 과학자라고 해야 더 그럴듯하게 보는 경향이 있다. 그래서인지 나사에서 본인이 하는 일이 엔지니어링이고 직함도 엔지니어지만 한국에만 오면 자신을 과학자라고 칭하는 웃지 못할 일도 적지 않았다.

왜 나사가 하는 일이 과학보다는 엔지니어링에 가까운지 알려주는 대표적인 사례가 있다. 아폴로 프로젝트는 나사가 수행한 가장 유명한 프로젝트다. 1961년 4월, 소련은 세계 최초로 유인 우주선을 위성 궤도에 올려놓았다. 당시 미국 대통령에 막 취임한 존 에프 케네디는 같은 해 5월에 인류를 달에 보내겠다는 프로젝트를 발표했다. 그게 바로 아폴로 프로젝트였다. 인공위성과 유인 우주선에서는 소련에 뒤졌지만, 달 탐사만큼은 꼭 앞서겠다고 미국은 다짐했다.

하지만 해결해야 할 난제가 한둘이 아니었다. 나사는 그때까지 달은 고사하고 지구 위성 궤도에 변변한 위성 하나 쏘아 올리지 못한 처지였다. 우선 사람을 태운 우주선을 달까지 보낼 로켓을 개발해야 했다. 여러 명의 우주비행사를 태운 우주선을 궤도에 올리려면 강력한 로켓 엔진이 필요했다. 미국에 그런 로켓 엔진은 아직 없었다.

여러 기술적인 검토 끝에 우주선 자체가 달에 직접 착륙했다가 되돌아오기는 어렵다는 판단이 섰다. 대안으로 우주선은 달의 위성 궤도에 머물고, 우주선에서 분리된 소형의 달착륙선을 통해 탐사를 수행하는 방안이 선택됐다. 그리고 달착륙선이 달의 위성 궤도에 있는 우주선과 도킹하는 것도 기술적으로 결코 쉬운 일은 아니었다.

달 탐사 완수에 요구된 기술적 난제들을 나열해보자. 우주를 오차 없이 항행하기 위한 비행 컴퓨터, 강력하고 신뢰할 만한 로켓 엔진, 우주선의 자세를 바꾸는 제어기술, 달 표면 착륙 시 부서지지 않고 나중에 우주선과 도킹할 달착륙선, 달 표면에서 사용할 월면 자동차, 산소가 없는 달 표면에서 생명을 유지해주는 우주복, 지구 대기권으로 진입 시 발생하는 고열과 고온을 견딜 우주선의 재료 개발, 우주선과 지구 관제센터 사이 통신 시스템 등이 필요했다. 입을 다물지 못할 정도로 다양한 분야에서 엔지니어링의 성취가 필요했다.

아폴로 11호의 발사 장면

아폴로 프로젝트가 시작되고 얼마 안 있어서 그간의 예상 비용이 너무 낙관적이었다는 사실이 밝혀졌다. 프로젝트를 주먹구구식으로 진행하다가는 천문학적인 비용이 들어갈 게 뻔했다. 나사는 프로젝트의 성공적인 완수와 비용의 효율적인 통제를 위해 프로젝트 관리 기법을 적용하기로 했다. 오하이오 주립대학에서 전기공학으로 박사학위를 받은 조지 뮬러가 영입되었고, 뮬러는 미시간 대학 전기공학 석사인 미국 공군 소장 새뮤얼 필립스를 아폴로 프로젝트의 총책임자로 임명했다.

아폴로 1호에서 6호까지는 우주비행사를 태우지 않은 채로 발사 시험을 거쳤다. 7호는 우주비행사가 최초로 탑승했고 지구의 위성 궤도에 오르는 데 성공했다. 8호는 3명의 우주비행사가 탑승한 채로 달까지 왕복

비행하는 기록을 세웠다. 그리고 20시간 동안 달의 위성 궤도를 10번 돈 후에 무사히 지구로 귀환했다. 1969년 7월 21일, 마침내 아폴로 11호의 우주비행사 두 명은 달 표면에 인류 최초의 발자국을 남겼다. 이후로도 여섯 번이나 더 로켓을 발사한 아폴로 프로젝트는 1972년 12월에 17호를 끝으로 종료되었다.

나사의 다른 프로젝트들도 과학이 아니라 엔지니어링에 가까웠다. 예를 들어 태양계를 탐험하는 우주선과 컬럼비아로 대변되는 우주왕복선, 그리고 우주정거장의 개발 등도 여러 엔지니어링 분야 없이는 성립될 수 없다. 이렇게 보면 나사는 과학이 아니라 엔지니어링을 하는 곳이라는 편이 더 설득력 있어 보인다.

유럽 입자물리연구소(CERN), 블랙홀, 입자가속기

여러분 중에는 일부러 이 책에서 엔지니어링에 가까운 주제만 다루고 있다고 생각하는 사람이 있을지도 모르겠다. 이번에는 순수한 과학으로 여겨지는 대상을 이야기해보겠다. 바로 유럽 입자물리연구소가 그 대상이다.

유럽 입자물리연구소는 글자 그대로 유럽 각국이 입자물리학을 공동으로 연구하기 위해 세운 연구소다. 1954년에 설립되어 벌써 60년 넘게 연구를 지속하는 곳이다. 유럽 입자물리연구소는 전 세계에서 가장 유명한 물리학연구소라고도 말할 수 있다. 스위스 제네바 근처에 자리 잡은 이곳에선 현재 약 2,500명의 직원이 근무 중이다. 2019년 기준 연간 약 1.4조 원의 연구소 예산도 유럽 국가들이 대부분 부담한다.

유럽 입자물리연구소는 일반인들에게도 꽤 친숙한 곳이다. 이곳은 댄 브라운의 베스트셀러 소설을 원작으로 만든 영화 〈천사와 악마〉의 주요 장소로써 다양한 매체에도 많이 등장했다. 특히 유럽 입자물리연구소의 반물질 생성 실험이 성공할 때는 블랙홀이 발생해 인류가 멸망할 수 있다는 소문으로도 유명하다.

지난 수십 년간 유럽 입자물리연구소의 과학자들이 한 일을 한마디로 요약하면 반물질의 존재 증명이다. 이들은 반물질의 존재를 확인하면 우주의 탄생 과정에 대한 결정적인 증거를 확보할 수 있다고 믿는다. 반물질이라는 말은 물질의 반대라는 뜻으로 만들어졌다.

반물질을 좀 더 구체적으로 알아보자. 전하에 양전하와 음전하가 있고 둘이 합쳐지면 전기적으로 중립 상태가 된다. 과학자들은 물질도 비슷한 방식으로 존재한다고 믿는다. 우리가 알고 있는 정상적인 물질은 질량을 갖고 있다. 이에 반하는 음의 질량을 갖는 물질이 바로 반물질이다. 만약 반물질의 관찰에 성공하면 아직 가설 단계인 빅뱅 이론을 지지하는 강력한 근거가 될 수 있다.

물리학자들에 의하면 이러한 반물질을 인공적으로 생성하는 일이 불가능하지는 않다. 다만 한 가지 우려가 있다. 반물질이 생성되더라도 지구상에 널려 있는 정상 물질을 만나 그 즉시 소멸할 수 있다는 점이다. 이러한 과정을 물리학자들은 쌍소멸이라고 부른다. 이론적으론 쌍소멸이 발생할 때 어마어마한 에너지가 방출되어 의도치 않게 블랙홀이 생길 수도 있다. 일부 사람들은 그와 같은 가능성을 실재하는 위험으로 간주한다. 유럽 입자물리연구소 주변에는 항상 실험을 중시시켜야 한다는 시위가 벌어진다.

유럽 입자물리연구소의 핵심은 바로 거대 강입자가속기(LHC)다. 거대 강입자가속기는 전자, 양성자, 중성자와 같은 입자를 가속해 서로 충돌시키는 장치다. 물리학자들은 입자가 충돌될 때 발생하는 파편 중에 반물질이 있을 수도 있다는 입장이다. 충돌의 효과가 극대화되려면 입자의 속도가 빛에 가까울 정도로 빨라야 한다. 입자의 가속에는 긴 거리가 필요하기에 거대 강입자가속기는 약 27킬로미터의 원형으로 구성되었다. 지름만 약 8킬로미터에 달하는 거대한 구조물이다.

입자 충돌 시험 중 생각지 못한 만약의 사태가 벌어질 수 있기에 거대 강입자가속기는 지하 100미터 깊이에 설치되었다. 또한 생성된 반물질이 쌍소멸되지 않으려면 물질과의 접촉을 막아야 한다. 이를 위해 가속기 내부에 강력한 자기장을 형성하는 장치가 설치되어 있다. 이를 감지기라고 부른다.

유럽 입자물리연구소는 아직 반물질의 존재를 관찰하지 못했다. 2011년, 반물질은 아니지만 이른바 표준이론에서 가정되는 힉스 입자의 존재를 확인할 수 있는 단서를 찾았다고 발표했다. 그러나 다른 연구소들이 확인한 결과, 시험 오류라는 의견이 우세해 발표를 취소하기도 했다.

눈치 빠른 사람들은 짐작했겠지만 이러한 실험을 가능하게 만드는 거대 강입자가속기와 감지기 등은 엔지니어링의 산물이다. 인터넷에서 거대 강입자가속기의 사진을 찾아보면 금방 이를 실감할 수 있다. 엄청난 크기와 고도의 기술을 필요로 하는 그 장치들은 엔지니어들이 디자인하고 제작하고 관리하지 않으면 작동될 수 없는 물건이다. 나사와 마찬가지로 유럽 입자물리연구소 직원의 대부분이 엔지니어라는 점은 당연하다. 거대 강입자가속기에 대한 위키피디아의 다음과 같은 정의는 그 본

유럽 입자물리연구소의 거대 강입자가속기(© 2005 CERN)

질을 잘 보여준다. "세계에서 가장 크고 가장 높은 에너지 수준의 입자가속기로서, 인류의 위대한 엔지니어링 이정표다."

그렇다면 결론은 분명하다. 최고의 물리학연구소인 유럽 입자물리연구소가 수행하는 실험은 엔지니어링 설비인 거대 강입자가속기를 떠나서는 존재할 수 없다. 유럽 입자물리연구소가 하는 일이 과학이라 해도 그 과학은 엔지니어링이 존재하지 않으면 공상에 그친다. 물론 과학자들은 그 단계의 과학도 과학이라고 주장할 것이다. 하지만 실험을 통해 입증되지 않은 모든 물리학 이론과 법칙은 아직 증명되기 전의 가설에 지나지 않는다. 그리고 경험적으로 입증할 수 없는 대상은 진정한 과학이 될 수 없다.

엔지니어링이 도와주지 않고서는 과학이 진정한 과학이 될 길은 멀기만 하다.

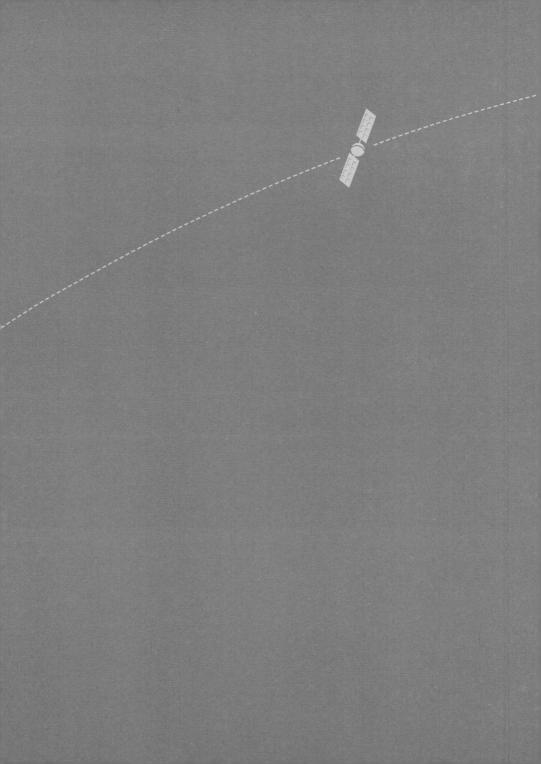

2장
왜 과학은
최종적인 답이
될 수 없는가

과학 이론은 현실을 이상적으로 만들어놓은 가상의 세계 안에서만 성립한다. 그러나 실제 우리가 사는 세상은 과학이 당연하게 여기는 이상적인 가상의 세계와 같지 않다. 이론에 대한 과학의 집착이 심해지면 병적인 증상이 나타날 수 있다. 예를 들어 이론으로 설명되지 않는 실제 현상을 예외로 치부하는 게 한 가지 증상이다. 더 심각한 증상은 현상 자체를 부정하는 경우다. 이론이 참이라는 신념을 고수하기 위해 현실을 거짓으로 여긴다.

과학은 실재하는 무언가를 만들기보다는 이론으로써 현상을 재단하는 선에서 멈추는 경향이 있다. 또한 과학이 절대적인 진리를 표방한다는 사실은 곧 과학의 취약성이기도 하다. 패러다임의 전환이 발생하면 기존의 진리는 전면적으로 부정된다. 결정적으로 과학은 자신이 발전과 변화의 원인이기보다는 결과일 가능성이 크다. 과학만으로는 아무런 문제도 해결할 수 없는 것은 바로 이러한 이유 때문이다.

▍과학은 비판에 그칠 뿐이다

▍과학은 만들지 않으면서 비평하는 존재다

선사 시대부터 중세, 그리고 현재에 이르기까지 엔지니어링을 한마디로 요약하라면 무엇이 될까? 엔지니어링의 핵심은 바로 무언가를 만드는 데 있다.

엔지니어링이 만드는 대상은 시대와 지역에 따라 달라질 수 있다. 선사 시대에는 석기와 토기가 주된 대상이었다. 고대에는 건축물, 교량, 배, 바퀴, 쟁기와 같은 도구들이었다. 근대에는 내연기관, 비행기, 자동차 등이 대상이다. 현대에는 우주선, 컴퓨터, 소프트웨어, 인공장기 등이 예가 될 것이다. 새로운 대상이 추가됐다고 해서 기존의 엔지니어링 대상이 어디로 사라지지는 않는다. 여전히 건축물과 교량도 엔지니어링의 대상이다. 분야로서 엔지니어링은 축소되지 않으며 지속적으로 확장되기만 한다.

물건을 만들어내는 엔지니어링의 모습은 과학과 좋은 대비를 이룬다. 왜냐하면 과학의 지향점은 쓸모 있는 무언가를 만드는 데 있지 않기 때문이다. 과학은 추상적 원리를 파악하고 발견하는 것을 자신의 지상목표로 내세운다. 과학을 한다는 사람들에게 물어보면 십중팔구 위와 비슷한 대답을 듣는다. 사물의 이면에 있는 원리를 파악한 후에 어떻게 할 거냐고 물어보면, 대개 "글쎄요, 그건 제가 상관할 일이 아닌 것 같은데요."라는 정도의 대답을 듣는다. 원리의 응용은 과학의 본질에서 벗어난 열등한 일이라고 여긴다.

이쯤에서 과학이라는 말의 어원을 한번 살펴보자. 과학을 뜻하는 라틴어 스키엔티아(Scientia)는 그리스어 에피스테메(Episteme)에서 유래됐다. 에피스테메는 체계를 갖춘 보편적인 지식을 뜻한다. 특히 에피스테메는 그리스어 독사(Doxa)와 대비되는 단어였다. 독사는 사실과 일치되지 않는 거짓이나 논리가 빠진 것을 나타냈다.

에피스테메와 독사의 구별은 플라톤에서 유래되었다. 이데아를 바탕으로 한 플라톤의 관념적, 연역적 세계관을 고려하면 에피스테메가 어떠한 의미를 지녔는지 짐작할 수 있다. 에피스테메는 지식과 정신의 가장 높고 숭고한 상태라고 정의됐다. 플라톤의 주장에 따르면 인간 중 가장 숭고한 존재인 철학자만이 에피스테메를 지닐 수 있었다. 플라톤의 철학자는 조금 심하게 말하면 노예를 당연하게 여기고 신선놀음만 하면 되는 일종의 무위도식자였다.

과학은 곧잘 최초라는 수식에 집착하는 것처럼 보인다. 이는 과학의 본질과는 동떨어진 일이다. 과학의 본질은 허위를 제거하고 거짓을 뿌리 뽑는 데 있다. 그 과정에서 최초는 별다른 의미가 없다. 최초라는 칭호에 집착하는 존재는 사실 과학이 아니라 과학계다. 최초라는 타이틀을 통해 누리려는 명예와 권력이 그들의 주된 관심사다. 과학이 진리를 가려내고 우상을 제거한다면, 과학계는 최초라는 타이틀에 집착함으로써 스스로 우상을 만들어내려고 한다.

최초의 지위를 획득하기 위한 과학계 내부의 경쟁 때문에 종종 과학자들은 연구결과 조작이라는 유혹에 굴복하기도 한다. "1등만이 기억될 뿐 2등은 아무런 의미가 없다."라는 말은 비즈니스 세계에 못지않게 과학계에도 해당하는 말이다.

누군가 실험 결과를 조작해도 과학계 자체의 검증 체계에 의해 걸러진다고 과학계는 곧잘 이야기한다. 그러한 검증은 말로는 쉬워도 실제로는 어렵다. 두 가지 이유 때문이다. 첫째는 다른 사람의 실험을 검증하는 작업은 대개 그 사람을 적으로 돌리는 행위다. 일반적인 연구자들이 이를 꺼릴 수밖에 없다. 둘째는 다른 사람의 실험에 틀림이 없다는 검증 행위가 자신의 경력에 도움이 되지 않아서다. 검증은 행위자에게 별로 이익은 없으면서 골치 아플 일만 많은 행위다. 그렇기에 과학계 자체적으로 실험 결과 조작과 같은 부정행위를 거르는 데는 한계가 있다.

과학계의 조작 사례는 뿌리가 깊다. 황우석의 경우 《사이언스》와 같은 유명한 과학 학술지도 검증이 완벽하지 않다는 사실을 악용했다. 2013년에 밝혀진 도쿄 대학 교수 가토 시게아키의 논문 조작이나, 2012년에 들통난 도호 대학 준교수 후지이 요시타카의 경우는 비교적 최근의 사례다. 후지이의 경우 무려 20년 동안 쓴 170여 편의 논문이 날조였다는 사실이 밝혀졌다. 이러한 조작은 서구에서도 드물지 않다. 1980년대 하버드 의과대학의 존 다시의 연구 조작이나 1923년 노벨 물리학상 수상자인 로버트 밀리컨의 데이터 선별, 그리고 오늘날 어떤 화학자도 재현에 성공하지 못한 결과를 발표한 19세기의 화학자 존 돌턴의 경우까지 실로 다양하다.

과학계의 관점에선 최초가 너무나 중요하다. 엔지니어링의 관점으론 최초는 그다지 중요하지 않다. 왜냐하면 엔지니어링은 결과적으로 '어떻게 잘하는가'가 중요하기 때문이다. 예를 들어 메모리 반도체를 최초로 만든 회사는 어디일까? 아마도 미국의 회사 중 하나였을 것이다. 그게 어디였든 간에 현재 메모리 반도체에서 가장 크게 이바지하고 있는 회사는 삼성전자다. 삼성전자는 결코 첫 번째 회사가 아니었다.

또 다른 예를 들어 보자. 그래픽 사용자 인터페이스(GUI)는 화면상의 그림 요소를 통해 명령을 주고받는 방식이다. 이는 글자로만 구성된 이전의 명령어 체계에 비하면 혁신적인 방식이었다. 이를 최초로 누가 발명했는가에 대해서는 이견이 있다. 통상적으로는 제록스사의 팔로알토연구소가 최초였다는 쪽이다. 그게 맞다고 가정하고, 제록스가 그래픽 사용자 인터페이스 분야를 주름잡고 있는지 사람들에게 물어보면 "제록스가 그런 일도 해요?"라는 질문이 나오기 십상이다. 이를 통해 세상에 큰 변화를 불러온 회사는 제록스가 아니라 애플과 마이크로소프트다.

최초에 대한 논쟁은 지저분해지기 마련이다. 당연하게 여겨지는 비행기조차도 사실 완전한 정답은 없다. 라이트 형제보다 먼저 유인 동력 비행에 성공했다는 주장도 없지는 않다. 예를 들어 미국 코네티컷 주 의회는 코네티컷 주민이었던 독일 이민자 구스타프 화이트헤드가 1901년에 유인 동력 비행에 성공했다는 법안을 통과시켰다. 독일, 프랑스, 뉴질랜드는 각각 자국민이 라이트 형제보다 먼저 비행기를 개발했다는 자신들만의 역사를 갖고 있다.

과학자와 엔지니어의 관계는 결국 비평가와 작가의 관계와 비슷하다. 비평가는 작가가 쓴 작품에 대해 이런저런 토를 단다. 작가는 비평가가 무슨 소리를 하든 개의치 않는다. 새로운 명작의 탄생을 위해 묵묵히 펜을 놀릴 따름이다. 아무리 비평가가 작품의 수준과 영향력을 논할지라도 그 비평 때문에 문학 작품이 만들어지지는 않는다. 작품은 작가에 의해 탄생한다.

과학은 이론적인 불가능만 지적할 뿐이다

일본 나고야 근방에 메이난 제작소라는 회사가 있다. 직원 114명이 전부인 조그만 기업이다. 메이난의 주력 분야는 목공기계 제작이다. 하지만 만만하게 보면 곤란하다. 메이난은 지난 50년간 흑자 행진을 계속해왔다. 연간 매출은 약 700억 원 정도고 차입은 전혀 없으며, 따라서 회사에 쌓인 유보금이 수백억 원에 이른다. 메이난의 사훈은 약간 엉뚱하게도 'F=ma'다. 바로 뉴턴의 제2법칙이다.

메이난이 자기 회사의 역사에서 중요하게 여기는 일화가 있다. 메이난은 한때 합판을 만들 때 사용하는 접합기계를 개발하려고 했다. 가장 큰 장애물은 접합용 수지였다. 연속 접착을 위해선 너무 빨리 굳지 않으면서도 튼튼하게 굳는 혼합물이 필요했다. 메이난은 주위에 의견을 구했지만 신통한 대답을 듣지 못했다. 결국 직접 개발하는 쪽으로 방향을 선회했다.

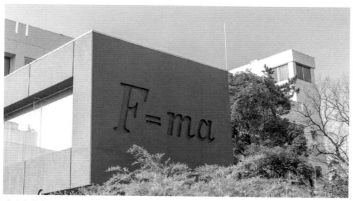

메이난 제작소의 건물에 새겨진 사훈(출처_www.meinan.co.jp)

목공기계 제작회사가 화학물질을 직접 개발하려고 들었으니 그 어려움이 어땠을지는 충분히 짐작할 만하다. 메이난은 온갖 물질을 시험해 봤다. 나중에는 생각조차 할 수 없는 간장, 달걀 흰자위, 동물 분뇨까지 동원했다. 그리고 마침내 폴리비닐 알코올이 들어간 새로운 접합용 수지 개발에 성공했다.

메이난의 고행은 이걸로 끝나지 않았다. 회사 주변에 있는 대학교에 자신들이 개발한 수지의 검증을 의뢰했다. 하지만 교수들은 메이난이 개발한 수지가 화학 상식에 반한다며 실험 자체를 거부했다. 그리고 불가능한 내용으로 특허를 출원하면 안 된다며 메이난을 비난하기까지 했다. 물론 메이난이 개발한 수지와 접합기계는 이후 메이난 제작소의 자랑이 되었다.

시대를 조금 달리해보자. 1828년, 프랑스 낭트에서 태어난 쥘 베른은 원래 변호사가 될 운명이었다. 베른의 아버지는 유명한 변호사였고 어머니는 지역 명문가의 후손이었다. 1847년, 파리의 법과대학에 진학했지만 소설을 쓰는 일에 소명을 찾고는 대학을 그만뒀다. 베른은 1905년에 죽을 때까지 수많은 소설을 남겼다.

베른은 이를테면 베스트셀러 작가였다. 『지구 속 여행』, 『해저 2만 리』, 『80일간의 세계 일주』, 『15소년 표류기』 등이 그가 쓴 작품이었다. 특히 1865년에 나온 『지구에서 달까지』와 1869년에 출간된 『달나라 탐험』은 인류가 달까지 비행하고 탐험하는 내용을 다뤘다.

과학계는 베른의 소설을 허무맹랑한 공상으로 치부했다. 소설 속 이야기가 전혀 현실성이 없고 과학 이론에 따르면 불가능하다는 게 비난의 이유였다. 물론 이로부터 약 100년 후인 1969년에 엔니지어들은 아폴로

11호를 만들어서 달 탐험을 현실로 만들어 버렸다.

앞의 두 이야기는 엔지니어링에 대한 과학의 통상적인 태도를 잘 보여준다. 이론에 맞지 않으며 현실적으로 불가능하다는 반응이다. 이러한 반응을 재치 있게 요약한 사람이 있다. 바로 세계 3대 과학소설 작가로 손꼽히는 아서 클라크다. 그는 제2차 세계대전 때 영국 공군의 레이더 기술자로 복무했다.

쥘 베른

클라크는 과학계의 부정적인 반응을 '세 가지 예측 법칙'으로 보여줬다.

1) 유명하지만 연로한 과학자가 무언가가 가능하다고 말할 때, 그는 거의 틀림없이 옳다. 반면에 그가 어떤 것이 불가능하다고 말할 때, 그는 거의 틀림없이 틀렸다.
2) 어디까지가 진짜로 가능할지를 깨닫는 유일한 방법은 과거에 불가능하다고 간주하던 영역으로 조금씩 치고 들어가 보는 것이다.
3) 충분히 진보된 테크놀로지는 마술과 구별되지 않는다.

클라크의 세 가지 예측 법칙을 한 문장으로 요약하면 다음과 같다. "과학은 어떠한 것이 불가능하다고 규정할 뿐이며, 엔지니어링은 그 불가능하다는 일을 가능하게 만든다."

증기선은 클라크의 세 가지 예측 법칙이 모두 적용되는 사례다. 1830년대 중반까지만 해도 영국과 미국 간 정기 운항은 꿈만 같은 이야기였다. 당시 대서양 횡단의 주요 운항수단은 돛을 단 범선이었다. 범선은 바람의 변덕스러움에 항해가 좌우되기에 정기 운항이 어려웠다. 증기선 자체는 19세기 초반에 이미 개발해 사용하는 중이었다. 로버트 풀턴의 증기선은 1806년에 뉴욕과 올버니 간 정기 운항을 개시했다.

당시의 과학적 신념에 의하면 증기선은 대서양을 건널 수 없었다. 그 논리는 이런 식이었다. 증기선의 연료는 석탄이었다. 그때까지 존재하던 제일 큰 증기선에 석탄을 가득 채운다고 해도 최대 항해 거리가 대서양 횡단 거리보다 짧았다. 석탄을 더 실으려고 증기선을 크게 만들면 상황이 오히려 나빠진다고 생각했다. 배가 커진 만큼 무게가 무거워지고 그만큼 증기 엔진의 용량이 더 커져야만 했다. 결과적으론 원래 거리보다도 더 짧은 항해 만에 석탄이 떨어진다는 계산이 나왔다.

이점바드 킹덤 브루넬

영국의 엔지니어 이점바드 킹덤 브루넬은 통상적인 과학적 신념에 동의하지 않았다. 브루넬은 배의 부피가 배의 저항력보다 더 빠르게 향상될 수 있다고 믿었다. 그의 생각이 옳다면 배가 커질수록 필요한 석탄의 비율은 줄어든다. 그렇다면 아주 큰 배를 만듦으로써 대서양 횡단이 가능해질 터였다.

당시 세계에서 가장 큰 증기선이었던 그레이트 웨스턴호

　브루넬은 단지 공상에 그치지 않았다. 자기 생각을 증명하기 위해 증기선 회사 그레이트 웨스턴에 자신의 배 디자인을 제공했다. 1838년에 진수된 증기선 그레이트 웨스턴호는 길이 72미터로 당시 세계에서 제일 큰 배였다. 약 600톤의 석탄과 7명의 승객을 태우고 영국 브리스틀을 출항한 이 배는 15일 만에 뉴욕에 도착했다. 항해가 끝났을 때 그레이트 웨스턴호에 남아 있는 석탄은 200톤이었다. 이로써 브루넬의 생각이 옳았다는 사실이 증명되었다.

　미래학자 폴 사포는 이러한 사실을 다음 두 문장으로 간단명료하게 요약했다. "천성이 긍정적인 엔지니어는 제대로 된 도구와 질문을 통해 세상에는 해결할 수 없는 문제가 없다고 생각한다. 부정적이고 염세적인 과학자는 엔트로피의 무한한 증가로 인한 쇠퇴와 죽음이 세상의 자연스러운 법칙이자 질서라고 믿는다."

과학은 사후약방문적 해설과 무책임한 예측에 가깝다

물리학자들이 좋아하는 주제 중에 우주의 기원이 있다. 1959년에 수행된 설문조사에서 미국 과학자 세 명 가운데 두 명은 "우주에는 나이가 없다."라고 대답했다. 우주의 기원은 파악할 수 없는 대상이고 따라서 영원하다는 의견이었다.

그러나 이 의견은 오래 가지 못했다. 1964년, 우주배경복사가 관측되었기 때문이다. 우주배경복사는 먼 우주로부터 전자파가 전파되어 오는 현상을 말한다. 이것을 설명하는 한 가지 방법이 우주의 팽창이었다. 우주가 팽창 중이라는 가설은 곧 과거의 우주가 지금보다 작았다는 뜻이기도 했다. 그렇다면 시간을 거슬러 올라가면 결국 우주는 하나의 작은 점으로 수렴해야 한다. 공간의 시작이자 시간의 시작인 이 상태를 물리학자들은 특이점(Singularity)이라고 불렀다. 이 가설은 이내 새로운 이름을 얻었다. 이름하여 빅뱅 이론이었다. 특이점이 크게 펑 터지면서 현재의 우리 우주가 생겼다는 이론이다.

빅뱅 이론은 우주배경복사를 설명할 수 있는 한 가지 방법이다. 동시에 설명이 쉽지 않은 다른 문제들을 가져오는 이론이기도 하다. 한 가지는 특이점 그 자체다. 특이점은 공간적 부피가 0인 존재다. 물리학자들은 특이점에서는 어떠한 물리 법칙도 성립되지 않는다고 해설한다. 그다지 만족스러운 설명은 아니다. 물리학자의 해설이 맞는다면 글자 그대로 무에서 유가 창조됐다는 말과 다르지 않다.

특이점 이상으로 까다로운 문제는 특이점 이전이다. 빅뱅이 우주의 시작이라면 빅뱅 이전에는 무엇이 있었냐는 질문을 하지 않을 수 없다. 이

우주의 기원을 설명하는 빅뱅 이론은 더 많은 수수께끼를 불러왔다.

질문에 대한 답을 물리학자들은 갖고 있지 않다. 시간과 공간 모두 어떻게 설명해야 할지 막막하다. 생각하기 어렵다는 정도의 애매한 대답이 전부다. 특이점이 원래부터 수십억 년 동안 있었던 건지 아니면 무언가가 변해서 특이점이 된 건지 아무도 모른다. 빅뱅 이론은 이를 통해 해결하는 문제보다 더 많은 미해결의 수수께끼를 낳을 뿐이다.

이러한 사후약방문에 가까운 해설과 무책임한 예측의 문제는 사회과학, 특히 경제학 분야에서 심각하다. 경제학의 이른바 실증적 방법론을 요약하면 다음과 같다. 우선 과거의 데이터를 긁어모은다. 예를 들어 100개의 데이터를 모았다고 하자. 대개 그 데이터들은 단순한 패턴이 있기보다는 잡음에 가깝다.

그런데도 경제학은 잡음의 이면에 거대한 원리가 있다고 주장하고 싶어 한다. 이럴 때 경제학자가 택할 수 있는 대안은 다음 둘 중의 하나다.

첫 번째 방법은 변수가 100개가 넘는 공식을 가정하여 가진 데이터 모두를 만족시키는 방법이다. 이러한 방법을 곡선 맞춤(Curve Fitting) 혹은 보간(Interpolation)이라고 부른다. 이러한 방식의 문제점은 주어진 데이터를 모두 만족시키는 공식의 수가 무한대라는 점이다. 다시 말해 경제학자의 수만큼의 이론이 존재해도 이상하지 않다는 뜻이다. 왜냐하면 그 각각의 이론들이 과거의 현상을 모두 100퍼센트 설명하기 때문이다.

이 방법에는 더 큰 문제가 있다. 100개의 데이터에 힘들게 맞춰놓은 이론이 101번째 데이터에 의해 깨질 확률이 높기 때문이다. 경제학의 데이터는 결코 예측한 대로 나오지 않는다.

그래서 경제학자들은 두 번째 방법을 주로 쓴다. 경제 변수 간에는 통계적 법칙만 존재한다는 주장이다. 이는 개별 예측이 왜 틀렸는가를 변명할 수 있는 좋은 핑계가 된다. 회귀분석을 통해 얻은 경제학의 법칙은 하나의 경향에 지나지 않는다.

여기서 멈추면 그나마 좀 봐줄 여지가 있다. 대개는 그 선을 넘어서 예측을 하려고 든다. 예측의 대상은 미래의 국내총생산, 환율, 주가 등으로 다양하다. 물론 막상 미래가 됐을 때 예측과 얼마나 차이가 나는지를 문제 삼는 사람은 없다. 아무도 문제 삼지 않으니 맞건 틀리건 숫자를 하나 대고 본다. 이런 예측의 정확성은 고대 그리스 델파이 신전의 신녀 오라클의 예언과 크게 다르지 않다.

이러한 패턴은 단지 경제학에서만 발견되지 않는다. 심리학자들에 따르면 사람들은 복합적 상황의 불확실성을 두려워한다. 그 결과 불확실성을 그대로 인정하기보다는 정확하지 않더라도 아무 설명이나 받아들인다. 원리나 법칙이 없음에도 불구하고 그런 게 존재한다고 믿어 버린다.

이 경우 사람들은 스스로 자신을 속이고 있다는 사실을 무의식적으로는 인식한다. 그로 인한 불안감은 통제가 힘들다. 불안감을 완화하는 한 가지 방법은 좀 더 정교해 보이는 설명을 찾는 것이다. 이해가 잘 안 되는 수학 공식 등으로 포장되어 있다면 금상첨화다. 이토록 정교하고 세밀한 이론이 오류일 리 없다고 자신을 다시 한번 기만한다. 사람들의 이러한 자기기만 경향은 사회과학이 왜 그토록 공식적인 방법론과 수학화에 집착하는지를 잘 설명해준다.

미래를 예측할 수 있다고 주장하는 사람은 대개 과학의 영역에 속해 있다. 그러한 주장은 거의 예외 없이 거짓으로 판명된다. 엔지니어링은 미래를 100퍼센트 예측하는 일이 불가능하다는 사실을 안다. 그래서 엔지니어들은 미래를 예측하기보다는 대비하려고 든다. 내일 비가 올지 안 올지는 불확실하다. 그러나 우산을 챙겨 나가면 어느 쪽이든 상관없다.

그렇게 보면 그리스의 위대한 철학자 소크라테스는 과학자기보다는 엔지니어였을 듯싶다. 그는 "스키오 메 니힐 스키레(scio me nihil scire)."라는 말을 남겼다. 스키오와 스키레는 과학을 지칭하는 라틴어 스키엔티아와 어원이 같다. 이 말은 "나는 내가 알지 못한다는 것을 안다."라는 뜻이다.

과학은 실패를 두려워한다

과학의 패러다임은 불변이 아니다

과학계는 자신이 기존의 형이상학과 다르다고 주장한다. 기존의 형이 상학은 결론이 날 수 없는 논쟁을 주로 벌인다. 그에 반해 과학은 보편적 인 원리를 추구한다. 과학계의 주장에 따르면 과학은 가설 수립과 실제 검증이라는 두 단계의 과정으로 진행된다. 검증을 통과한 가설만이 이 론 혹은 법칙의 지위를 획득한다. 법칙은 객관적이며 보편적이다.

미국의 과학사학자이자 철학자인 토머스 쿤은 1962년 『과학혁명의 구 조』라는 책을 통해 과학계의 이러한 주장에 새로운 시각을 부여했다. 쿤 의 주장을 한마디로 요약하면 다음과 같다. "과학의 원리는 패러다임하 에서 유효하다." 역사적으로 과학의 패러다임은 영원불멸하지 않았다. 일종의 유행처럼 이쪽에서 저쪽으로 왔다 갔다 해왔다. 다시 말해 과학 의 이론은 한시적으로만 유효하다는 뜻이다.

패러다임은 패턴, 예제, 본보기 등을 뜻하는 그리스어 파라데이그마 (Paradeigma)를 영어식으로 바꾼 신조어다. 쿤은 이 단어를 통해 한 시대 를 지배하는 인식, 개념, 사고, 가치관 등을 결합한 총체적이고 이론적인 틀이나 체계를 지칭하려 했다. 쿤에 의하면 시대별로 과학자 집단이 진 리로 인정하는 규범적 사고 체계가 존재한다. 그게 바로 패러다임이다.

시간이 지나면 기존의 패러다임과 상존할 수 없는 새로운 가설들이 등장한다. 이때 과학계는 기존의 이론을 신봉하는 측과 새로운 이론을 추종하는 측으로 나뉜다. 이들은 서로 간에 전면적인 권력 투쟁을 벌인다. 그리고 어느 순간부터 새로운 패러다임을 추종하는 측이 정치적인 승리를 거두고, 기존의 패러다임은 갑자기 비과학으로 치부되며 새로운 패러다임만이 진리라고 선언된다.

이러한 과정은 과학의 역사에서 보편적으로 발생해왔다. 쿤은 이와 같은 반복적인 과정을 '과학혁명'이라고 이름 붙였다. 과학혁명은 '과학에 의한 혁명'이 아니라 '과학계 내부의 혁명'을 지칭하는 것이다. 앞에 나온 설명만으로는 패러다임의 전환이 무엇인지 감을 잡기 어려울 듯싶다. 구체적인 예를 들어보겠다.

제일 먼저 천동설을 생각해보자. 기원전부터 사람들은 지구가 세상의 중심이라고 생각해왔다. 해와 달, 그리고 별은 지구의 주위를 도는 객체였다. 그렇게 생각할 만한 충분한 이유가 있었다. 그 시절에는 사람들의 지각 능력상 지구가 움직인다는 발상은 생각조차 하기 어려웠다.

사람들은 관찰을 통해 해와 달, 그리고 별의 움직임에 일종의 규칙성이 있음을 깨달았다. 특정 시기 동안 화성의 회전 방향이 정상적인 방향과 반대가 된다는 사실은 기원전 3세기에 알려졌다. 이와 같은 관찰을 바탕으로 하나의 지식 체계가 2세기 무렵에 활동한 프톨레마이오스에 의해 집대성됐다. 프톨레마이오스의 체계는 이후 천 년이 넘도록 절대 진리로 군림했다.

프톨레마이오스의 천문학 체계는 주전원과 이심원으로 묘사되는 상당히 복잡한 체계였다. 그보다 더 특기할 사항은 이 체계가 꽤 그럴듯하게 잘 맞았다는 사실이다. 프톨레마이오스의 체계가 천 년이 넘도록 패러다임으로 작용할 수 있었던 이유가 바로 거기에 있다. 복잡할지언정이 체계로 설명하지 못할 천문학 현상은 거의 없었다. 설명이 가능하고 예측이 정확하니 진리가 아니라고 반대할 이유가 없었다.

프톨레마이오스의 체계가 대부분의 천문학 현상을 설명할 수 있었던 비결은 다름 아닌 변수의 추가였다. 설명이 안 되는 현상을 만나면 그런 현상과 부합하는 새로운 주전원을 '될 때까지' 추가했다. 이는 패러다임에 반하는 사례가 있다고 해서 저절로 패러다임이 포기되지는 않는다는 구체적인 사례다. 또한 주전원의 추가로도 해결되지 않는 현상에 대해선 '예외'라는 이름으로 무시했다. 이론에 부합하지 않는 실제를 무시하는 일은 오늘날의 과학에서도 크게 다르지 않다.

16세기 들어 기존 프톨레마이오스의 체계에 시도된 약간의 수선이 새로운 패러다임을 가져올 거라고 예상한 사람은 아무도 없었다. 그 시작은 니콜라우스 코페르니쿠스였다. 코페르니쿠스는 프톨레마이오스의 체계로 설명되지 않는 몇 가지의 '비정상성'을 설명하려고 시도했다. 주전원의 추가로도 해결되지 않자 그는 '상자 바깥에서 생각하기'를 시도했다. 바로 지구와 태양의 위치를 바꾸는 시도였다.

태양과 지구의 위치를 바꾼다고 모든 게 단박에 해결되지는 않았다. 코페르니쿠스의 체계에서 행성은 일정한 속도로 회전하는 단단한 천구에 박혀 있었다. 일정한 속도나 행성이 박혀 있는 천구는 지금 기준으로는 난센스였다. 그래도 한 가지 장점은 행성의 역행을 설명할 수 있었다.

태양과 지구의 위치를 바꾼 뒤에도 코페르니쿠스는 20년 동안 주전원을 그리고 또 그렸다. 코페르니쿠스가 얻은 최종적인 주전원의 수는 27개였다. 다시 말해 코페르니쿠스의 작업은 곡선 맞춤의 전형적인 예였다. 시카고 대학 경제학과의 로널드 코스가 한 다음의 말은 이 경우에도 해당했다. "데이터를 오랫동안 고문하면, 결국 자백할 것이다." 한마디로 코페르니쿠스의 체계는 사이비 과학에 가까웠다.

니콜라우스 코페르니쿠스

반발은 과학계가 아닌 곳에서 왔다. 지구와 태양의 위치를 바꿔 놓은 게 일부 사람들의 신경을 건드렸다. 가장 크게 반발한 사람은 개신교의 마틴 루터였다. 루터는 불경스러운 생각이라며 코페르니쿠스를 비난하고 나섰다. 1483년에 태어난 루터는 1517년에 95개조 의견서로 종교개혁을 시작했고 1546년에 죽었다.

가톨릭교회는 처음엔 대수롭지 않다는 반응을 보였다. 코페르니쿠스가 지동설의 아이디어를 담은 짧은 해설서를 지인들에게 돌린 시점은 1533년이었다. 그 책은 당시 교황 클레멘스 7세와 여러 추기경에게 소개되었다. 그 자리에 참석했던 추기경 중 한 명인 니콜라스 폰 쇤베르크는 1536년 코페르니쿠스에게 편지를 썼다. 그 책의 공식적인 출간을 권장하기 위해서였다.

하지만 과학이 종교의 영역을 침범한다고 느끼자 가톨릭교회도 지동설에게 적대적으로 돌아섰다. 1616년, 가톨릭교회는 코페르니쿠스의 책 『천구의 회전에 관하여』를 금서로 지정했다. 코페르니쿠스가 죽고 약 70년이 지난 뒤였다. 이후 로마 교황청은 160여 년이 지난 1783년에야 이 책의 금서 처분을 해제했다. 지구와 태양의 위치가 바뀔 수 있다는 아이디어는 하루아침에 받아들여지지 않았다.

과학이 절대적인 진리가 아니고 한시적인 가치 체계라는 사실은 다른 경우를 통해서도 확인할 수 있다. 그중 하나로 빛에 대한 이론이 있다.

18세기까지 과학계는 빛을 입자로 간주했다. 사물을 분자와 원자로 이해하는 것은 당시 과학계의 유행이자 패러다임이었다. 19세기 중반에 들어서는 새로운 이론이 주류가 되었다. 빛은 입자가 아니라 파동이라는 이론이었다. 19세기에 비약적인 발전을 이룬 파동학의 결과였다. 20세기에 들어서는 또다시 새로운 이론이 제기되었다. 이제 빛은 입자면서 동시에 파동이라는 이론이었다.

과거의 점성술이 현대의 천문학으로 바뀐 일도 패러다임의 전환으로 볼 수 있다. 연금술을 화학이 대신하게 된 일도 마찬가지다. 고대 그리스 시대엔 4원소설이 진리였다. 세상의 모든 물질은 물, 불, 공기, 흙이 합쳐진 결과라고 당시의 지식인들은 주장했다. 현재 4원소설은 비과학으로 간주한다. 과거 동양에서 음양오행설은 수준 높은 지식 체계였지만 지금은 미신으로 취급받는다.

이 모든 사례가 시사하는 바는 분명하다. 과학의 이론은 부정될 때까지만 한시적으로 성립하는 지식이다. 과학계가 주장하듯이 불멸의 원리가 아니라는 뜻이다. 현재의 물리학, 천문학 이론도 하나의 패러다임일 뿐이다. 미래에 어떤 새로운 이론이 등장하여 패러다임이 또 뒤집힐지는 아무도 알 수 없다. 현재의 진리가 완벽한 진리라고 볼 수 있는 절대적인 근거는 없다.

원리를 지향하기 때문에 과학은 협소하다

과학이 현실 세계를 바라보는 시각은 두 가지다. 하나는 세상이 무질서하다는 생각이다. 다르게 표현하면 세상에 아무런 원리가 없다는 쪽이다. 운이 지배하는 세상은 곧 혼돈 그 자체다. 과학의 관점으로 볼 때 질서는 우월하며 혼돈은 열등하다. 즉 과학은 무질서한 현실 세계를 열등하다고 인식한다.

과학이 현실 세계를 대하는 다른 한 가지 시각은 '그럼에도 불구하고 원리가 있으리라' 하는 신념이다. 무질서한 현실에 숨겨진 원리가 존재한다는 희망을 버리지 못한다. 왜냐하면 아직 아무도 발견하지 못한 심오한 원리를 발견했을 때의 명예와 영광이 탐이 나서다. 이게 지나치게 강해지면 실재하지 않는 법칙의 존재를 억지로 우기는 일이 벌어지기도 한다.

어떤 특정 자연현상이 있다고 할 때 이를 설명할 수 있는 원리는 한 가지만 있는 게 아니다. 그것과 경쟁하는 여러 가설이 있기 마련이다. 이처럼 관찰된 현상을 묘사할 수 있는 가설이 여럿이라고 해보자. 이럴 때 과학이 의존하는 한 가지 원칙이 있다. 바로 '오컴의 면도날'이다. 이 원칙은 여러 가설 간의 우열을 가리는 기준으로 봐도 무방하다.

오컴의 윌리엄은 13세기에 활동한 신학자였다. 그는 가장 적은 수의 가정 혹은 변수로 표현된 가설을 택해야 한다고 설명했다. '파리채로 잡을 수 있는 대상을 잡기 위해 대포를 동원할 필요는 없다'라고 이해해도 된다. 면도날이라는 단어에는 무질서해 보이는 현상에서 불필요한 부분을 잘라내다 보면 결국에는 원리가 드러나기 마련이라는 생각이 압축되어 있다. 그래서 오컴의 면도날은 '인색함의 원칙'이라는 이름으로도 불린다.

사실 왜 오컴의 면도날에 부합하는 이론이 최선인지를 설명하기는 생각보다 쉽지 않다. 미학적인 기준을 들 수는 있지만, 모두가 수긍할 만한 이유는 아니다. 게다가 오컴의 면도날이 세상을 이해하는 유일한 방법은 아니다. 전혀 다른 접근법을 택할 수도 있다.

그 전혀 다른 방법은 이른바 '채턴의 반면도날(anti-razor)'이다. 윌리엄과 동시대에 살았던 월터 채턴은 "사물을 설명할 수 있을 때까지 명제를 추가한다."라는 원리를 주장했다. 빼 나가는 게 아니라 무에서 출발해 하나씩 더해가는 게 더 근본적이라는 이야기였다. 반면도날 원리에 동조한 사람 중에는 수학자 고트프리트 라이프니츠와 철학자 임마누엘 칸트가 있다. 주류 과학은 이러한 원리를 이단으로 간주한다.

세상 모든 일에 원리가 있다면 좋겠지만 사실은 그렇지 않다. 자연계에는 일정한 무작위성이 존재한다. 지금부터 1년 뒤에 비가 올지 해가 뜰지를 확실하게 예측할 수 있는 사람은 세상에 없다. 이는 불확실성의 영역에 속한다. 고대에는 성스러운 신의 영역에 속했다.

그러다 불확실한 대상에도 원리가 존재한다는 주장이 근대에 생겨났다. 통계학은 그 주장을 떠받치는 기둥이 되었다. 자연계를 대상으로 한 실험에서 몇 가지 확률 분포의 실재가 입증됐다. 정규 분포는 그러한 확률 분포들의 얼굴마담과도 같았다. 동전 던지기나 콜로이드 분자가 용해되는 모습 등은 정규 분포를 따르는 대표적 예였다.

통계적 법칙은 수학이나 고전물리학에서 다루는 법칙과는 성격이 확연히 다르다. 수학이나 고전물리학의 법칙은 결정론적 예측 가능성을 전

자연계에 존재하는 불확실성으로 미래의 날씨를 정확하게 예측하기 어렵다.

제로 한다. 확실성을 갖고 예측할 수 없으면 법칙으로 간주하지 않는다. 반면에 통계적 법칙은 그 가능성을 배제한다. 설혹 통계적 법칙이 성립하더라도 개별 사건의 구체적인 결과는 여전히 불확실하다. 통계적 법칙은 개별 사건이 문제 되지 않고 반복해서 시행하는 전체만을 문제 삼을 때 유효하다. 이러한 차이를 무시해서 생기는 현실의 문제는 너무나 많다.

그러한 관점에서 보면 과학은 세계의 작은 일부분에 불과하다는 사실이 명백해진다. 과학의 원리로 묘사되지 않은 현상은 분명히 있다. 과학은 원리를 지향하기에 원리가 결여된 무질서한 현실 세계를 모두 묘사할 방법이 없다. 그러므로 과학은 전체 중의 일부에 지나지 않는다. 셰익스피어가 쓴 비극 『햄릿』에서 주인공 햄릿은 다음처럼 말했다. "내 친구 호레이쇼, 천상과 지상에는 자네의 철학으로 생각할 수 있는 것보다 더 많은 것들이 존재한다네."

자연계와 인간사회 사이에는 커다란 틈이 있다. 가장 큰 차이점은 자연계는 불변이지만 인간사회는 가변적이라는 점이다. 자연계는 불변이기에, 자연계에 존재하는 과학의 원리는 유한할 것이다. 그러한 특성상 원리는 무한할 수가 없다.

그렇게 보면 과학자는 절망적인 상황에 부닥친 존재다. 왜냐하면 언젠가는 발견할 원리가 남아 있지 않은 날이 오기 때문이다. 아무리 발견하기를 원해도 상황은 달라지지 않는다. 이를 회피할 방법은 딱 한 가지다. 기존의 패러다임을 전면적으로 부정하고 새로운 패러다임을 만들어내는 방법이다. 역사는 과학계가 실제로 이러한 방법을 사용해왔다는 사실을 보여준다.

자연계와 달리 가변적인 인간사회를 대상으로 하는 사회과학자는 상황이 좀 더 나은 편이다. 어차피 보편적 진리와는 거리가 있으니 이래도 그만 저래도 그만이다. 성립하지 않는 원리를 주장했는데 사회가 저절로 그런 상태로 바뀌는 경우도 있다. 세상이 계속 바뀌니 새롭고 한시적인 원리를 생산해낼 여지도 무궁무진하다. 물론 그러한 원리는 모두 제한적일 수밖에 없다.

결국 과학의 운명은 어떤 식으로든 비극적이다. 사이비 과학으로 인해 본래의 이미지가 퇴색되거나, 아니면 과학적 방법론의 반증으로 과학이 참으로 인정하는 원리가 계속 줄어들 수밖에 없다. 단 하나의 반례라도 발생하면 과학의 기존 원리는 폐기되어야 한다. 이는 열역학 제2법칙을 닮았다. 열역학 제2법칙에 의하면 자연계의 엔트로피는 늘어날 뿐이다. 달리 표현하면 자연계의 무질서는 계속 증가할 따름이다. 과학의 원리로 묘사되는 질서의 세계가 줄어든다는 의미기도 하다. 과학의 법칙인 열역학 제2법칙과 반증의 과학적 방법론은 흥미롭게도 같은 결론을 가리키고 있다.

과학은 원인이 아니라
결과일 수 있다

공적 영역과 사적 영역의 비교

이른바 기초과학이라고 지칭되는 분야들은 주로 공적 영역에서 활동한다. 여기서 공적 영역은 국가의 지원으로 유지되는 분야를 뜻한다. 공적 영역은 국가의 지원이 끊기면 유지되기 어렵다. 물리학의 여러 분야가 대표적이며 수학과 화학도 그런 모습을 가졌다. 과학계 내에서 가장 덜 과학적이라고 치부되는 생물학은 공적 연구가 상대적으로 드물다. 이는 기초과학과 공적 영역 간의 상관관계를 보여주는 흥미로운 경향이다.

반면에 현대의 엔지니어링은 본질적으로 사적 영역에 속한다. 영리를 목적으로 하는 기업과 산업계에 의해 엔지니어링이 수행되고 발전된다는 뜻이다. 물론 공적인 영역에 속하는 엔지니어링도 있다. 역사적으로 보면 근대 이전의 대규모 엔지니어링은 공적 영역에 속했다. 가장 이해하기 쉬운 예는 고대 이집트의 피라미드 건설이다. 현대에도 공적 영역은 간혹 대규모 엔지니어링 프로젝트를 책임진다. 미국의 뉴딜 정책이나 달 탐사를 이뤄낸 우주 개발이 대표적인 예다.

엔지니어링이 사적 영역에 속한다는 말은 곧 자신의 힘으로 홀로 설 수 있다는 것을 의미한다. 외부의 누군가에게 도와 달라고 손을 내밀지 않는다는 뜻이다. 엔지니어들은 선택에 따라 무엇을 어떻게 할지를 정하고, 그 목표를 이루기 위해 자원을 효율적으로 활용한다. 그리고 그 과

피라미드는 대표적인 공적 영역의 엔지니어링이다(© Ricardo Liberato).

정을 통해 발생한 경제적 이익을 바탕으로 또 새로운 엔지니어링 프로젝트를 시도한다.

그러나 말할 필요도 없이 모든 시도가 성공하지는 않는다. 경제적 이익을 거두지 못한 대상은 자원 부족으로 결국 사라진다. 쓸모 있는 시도를 한 대상은 번성한다. 유용한 무언가를 만들어 세상에 도움이 되고 그 과정을 통해 건강한 이익을 누리려 하는 것은 정당한 일이다.

이처럼 재정적 자립을 당연하게 여기는 엔지니어링의 모습은, 국가에 재정적으로 의존하려는 과학의 모습과 대조적이다. 과학 분야가 외부의 지원을 당연시하는 것은 어제오늘만의 일이 아니다.

근세 이전에 과학자로 활동했던 이들은 다음 둘 중의 하나에 속했다. 첫 번째 부류는 선조로부터 많은 유산을 물려받아 생계에 대한 걱정이 전혀 없는 경우였다. 이들은 한마디로 소수의 행운아라 할 만했다. 두 번째 부류는 그런 생계 수단이 없는 경우였다. 이들은 왕이나 영주에게 몸을 의탁해 그들이 요구하는 서비스를 제공하는 것으로 생계를 꾸렸다. 후원자의 후원은 공짜가 아니었다. 대다수 과학자는 두 번째 부류에 속했다.

후원자 없이는 자생하기 어려운 과학의 모습은 근세 이전에 예술의 모습과 흡사하다. 예술인 또한 대다수 과학자처럼 후원자에게 종속된 삶을 살아야 했다. 양 집단 모두 자신의 상태를 혐오했다. 후원자의 지원은 당연하게 여기면서 자신들이 후원자에게 지고 있는 의무는 끔찍하게 여겼다. 이들은 이후 비슷한 전술을 택했다. 과학자와 예술가는 자신들이 평범한 사람과 다른 특별한 존재라고 주장했다. 천재라는 단어가 일상생활에서 사용되기 시작한 때도 바로 이때였다. 각종 상, 메달, 호칭 등은 이러한 비범함을 외부적으로 인정받으려는 전형적인 수단이었다.

그러나 민주주의가 자리 잡으면서 기존 후원자의 지원은 대부분 끊겼다. 이제 이들은 과거의 영주가 수행하던 역할을 정부가 대신해야 한다고 주장하기 시작했다. 고급 활동인 과학과 예술의 부흥이 정부의 신성한 의무라고 외쳤다. 현대에 들어와서 예술은 일반 대중에게 직접 서비스를 판매하는 쪽으로 방향을 틀었다. 시장에 의존해 재정적으로 자립하려는 예술의 모습은 엔지니어링과 동일하다. 과학에서 그러한 모습은 여전히 찾기 어렵다.

연구개발의 선형모델이 가져온 최종 결과

과학계는 다음 논리를 줄기차게 주장해왔다. 기술과 무관한 과학, 즉 순수과학에 투자해야 혁신적인 발전이 가능하다는 논리다. 응용을 염두

에 두지 않더라도 기초과학에 투자하면 저절로 기술 발전이 이뤄진다는
식이다.

정말로 그런지 확인해보자. 미국의 최전성기는 제2차 세계대전이 벌어
진 1940년대부터 월남전에 참전하는 1960년대까지라고 말할 수 있다. 그
시기 동안 미국은 압도적으로 많은 돈을 과학 연구에 쏟아부었다. 다른
나라는 물론이거니와 미국으로서도 그때보다 더 많은 자금을 과학 연구
에 투자한 시기는 없었다. 1945년 이후 20년간 미국의 총투자금액은 당
시의 화폐 가치로 100억 달러에 달했다.

이 모든 자금 집행을 총괄한 사람은 바네바 부시였다. 매사추세츠기
술원(MIT)에서 전기공학으로 박사학위를 받은 부시는 미국 항공우주국
의 전신인 항공자문위원회와 미국 방위연구위원회 위원장 등을 거치면
서 제2차 세계대전 당시 미국의 무기개발을 지휘했다. 부시의 영향력이
워낙 절대적이라 사람들은 그를 '과학의 황제'라고 불렀다. 그의 말 한마
디에 따라 막대한 돈이 어디로 흘러갈지가 결정되었다.

바네바 부시

제2차 세계대전이 끝난 후 부시는 연구
개발의 선형모델을 공개적으로 지지했다.
기초과학에서 응용기술이 파생되고 그로
부터 관련 산업이 성장한다는 주장이었
다. 사실 과학계의 이러한 주장은 부시의
선형모델에서 유래했다. 부시의 지휘하에
100억 달러 중의 약 25퍼센트가 기초과학
에 투입되었다. 25퍼센트라는 비율은 지금
까지도 전례가 없는 높은 수준이었다.

1960년대 후반이 되자 미국 국방부는 예전처럼 마음대로 국방비를 쓸 수 없는 입장에 처했다. 예산이 빠듯해지자 국방부는 기초과학에서 엔지니어링 기술 개발이 얼마나 파생됐는지가 궁금해졌다. 20년이라는 기간은 선형모델로 상징되는 과학계의 주장을 검증할 만한 충분히 긴 시간이었다.

미국 국방부는 일명 '뒤돌아보기' 프로젝트를 수행했다. 우선 1960년대 미국 군대의 주력이 되는 핵심 무기 20가지를 선정했다. 그런 후 과거의 연구개발 자금이 핵심 무기에 어떻게 기여해왔는지를 평가했다.

결과는 자못 흥미로웠다. 1967년에 발간된 보고서에 의하면 기술 발전에 기여한 자금의 91퍼센트는 테크놀로지 혹은 엔지니어링 관련 프로젝트에 투자된 돈이었다. 나머지 9퍼센트만이 과학 관련 프로젝트를 거쳤다. 그중에서도 기초과학이라고 할 만한 분야의 연구에서 비롯된 비율은 고작 0.3퍼센트에 지나지 않았다. 전체 자금의 25퍼센트가 투여되었지만, 그 공헌은 0.3퍼센트에 불과하다는 게 선형모델의 솔직한 성적표였다.

과학계의 선형모델은 원숭이와 타자기에 관한 이야기를 생각나게 한다. 원숭이가 타자기의 자판 중 어느 글자를 누를지는 전적으로 마구잡이다. 아무런 인과관계를 기대할 수 없는 무작위의 결과라는 뜻이다. 물론 무한대에 가까운 수의 원숭이를 시키다 보면 한 마리쯤은 셰익스피어의 작품을 쓸 수도 있다. 하지만 그 확률이 이론적으로는 0이 아니더라도 실제로는 너무 작아 0이나 다름없다. 아무 목적 없이 기초과학 연구에 투자하면 저절로 기술 발전이 된다는 선형모델은 마치 원숭이가 타자기를 두들기다 보면 문학 작품이 나온다는 이야기와 다르지 않다.

과학, 과학적 방법론, 반증가능성

앞에서 영역으로서의 엔지니어링과 방식으로서의 엔지니어링이 전적으로 동일한 대상이 아닌 것을 이야기했다. 영역과 방식의 관계에 관한 생각에도 차이가 있다. 한국에선 영역이 먼저 존재하고 그로부터 방식이 규정된다는 인식이 강하다. 반면에 서양은 반대로 생각한다. 방식이 먼저 있고 그런 방식을 택하는 분야가 영역으로 나타난다고 여긴다.

이러한 세계관의 차이가 가져오는 결과는 뚜렷하다. 신분이나 지위가 사고방식을 결정하느냐 아니면 사고방식이 지위를 결정하느냐의 문제다. 과학에 대해서도 비슷한 구별이 가능하다. 영역으로서의 과학과 방식으로서의 과학은 서로 별개다. 방식으로서의 과학은 고유의 이름도 있다. 이른바 '과학적 방법론'이다.

과학이 과학인 본래의 이유는, 행위의 대상이 과학의 영역에 속하기 때문이 아니다. 행위가 과학적 방법을 따르기 때문이다. 이 사실을 혼동하는 사람이 적지 않다. 심지어 과학자들조차도 이를 착각하는 경우가 많다.

쉬운 예로 우주는 과학이 다루는 전형적인 대상 중 하나다. 그렇지만 우주를 다룬다는 사실 때문에 과학이 되지는 않는다. 과학자들이 혐오하는 점성술의 대상 역시 우주다. 과학자들은 점성술이 미신이기에 과학이 아니라고 주장한다.

이런 예는 얼마든지 있다. 혈액은 의학이나 생물학이 다루는 대상에 속한다. 그렇다고 혈액에 관한 모든 지식이 과학으로 인정받지는 못한다. A, B, O, AB라는 네 가지 혈액형의 고유한 성격과 혈액형 간 궁합을 논하는 일은 결코 과학이 아니다. 과학자들은 이런 부류를 가짜 지식으로 간주한다.

그렇다면 어떤 행위를 과학으로 만드는 과학적 방법이란 무엇일까? 이 질문은 과학이 어떻게 진리를 만드는가에 대한 질문으로 바꿔 물을 수도 있다. 이는 곧 우리가 가진 진리 체계가 어떻게 만들어지는가에 대한 질문이기도 하다. 논리학과 철학이 제기하는 근본 문제다.

크게 보아 우리의 진리 체계는 두 가지 방법론 중 하나에 의존하고 있다. 첫 번째 방법은 논리적, 연역적 방법론이다. 두 번째 방법은 경험적, 귀납적 방법론이다. 각각의 방법에 대해 좀 더 알아보자.

연역적 방법은 모순을 일으키지 않는 논리적 연산을 통해 참인 명제를 얻는 방법이다. 연역적 방법의 대표 격은 이른바 삼단논법이다. 말하자면 A는 B고, B일 경우 C가 참이라고 할 때, A일 경우에도 C가 참이 된다는 게 바로 삼단논법의 결과다. 구체적으로 A는 나, B는 남자, C는 사람이라고 해보자. 나는 남자고, 남자는 사람이라면, '나는 사람'이라는 명제가 참이라는 사실을 증명할 수 있다.

귀납적 방법은 근본적으로 관찰과 경험에 의존하는 방법이다. 구체적으로 A1일 때 B고, A2를 봐도 B며, A3도 B라고 해보자. 이런 식으로 모든 A가 B라고 할 때, 'A는 B'라는 결론을 내리는 게 귀납법이다. 수학에서는 일반화를 통해 연역적 진리와 동등한 수준의 귀납적 진리를 얻기도 한다. 현실적으로는 모든 A를 관찰하는 일이 대체로 불가능하다.

과학계는 연역적 방법을 귀납적 방법보다 상위 레벨로 간주하는 경향이 있다. 이는 앞에서 언급한 과학계 내의 암묵적인 서열과도 맥을 같이 한다. 여러 과학 분야 중 연역적 방법에 가장 의존하는 분야는 당연히 수학이다. 물리, 화학, 생물로 가면서 연역적 방법에 대한 의존도가 줄고 귀납적 방법에 대한 의존도가 커진다.

연역적 방법에 따른 논리적 진실성을 의심하기는 어렵다. 하지만 한 가지 약점이 있다. 연역적 방법을 통해 만들 수 있는 지식은 제한적이다. 순수 논리학 분야와 수학을 제외하면 사실 연역적 방법을 쓸 만한 분야가 별로 없다. 방법 자체는 우수하지만 제약이 많다.

그러다 보니 근대 이후 귀납적 방법이 주목을 받기 시작했다. 귀납적 방법이 처음 적용된 분야는 바로 자연과학이었다. 귀납적 방법을 이론화하는 과정에서 통계학이라는 분야가 생겨나기도 했다. 이후 과학이 되기를 희망하는 다른 분야에서도 통계 기법과 같은 귀납적 방법을 활용하게 되었다. 사회과학, 특히 경제학이 대표적이다.

과학적 방법이 무엇이냐는 질문에 대한 과학계의 표준적인 대답은 다음과 같다. 첫째, 아직 입증되지 않았지만 참일 가능성이 있는 가설을 세운다. 가설을 세울 때 반드시 따라야 하는 방법이 있지는 않다. 연역적 방법을 따랐을 수도 있고, 직관적으로 구했을 수도 있다.

둘째, 그렇게 세운 가설을 검증한다. 검증의 방법으로 직접 실험을 수행하거나 혹은 과거에 발생한 사실을 관찰한다. 이때 주로 쓰는 기법이 통계적 검정이다. 아무리 사용해도 줄어들지 않는 마법의 탄환처럼 통계적 검정도 유의미한 결과가 나오지 않는 경우 나올 때까지 계속 검증할 수 있다. 과거 데이터의 기간을 바꿔볼 수도 있고 데이터를 새로 구할 수도 있다. 그런 일을 20번쯤 하다 보면 한 번 정도는 무작위에 의해 유의미한 결과가 나오기도 한다. 현재 과학계의 관습상 19번이나 유의미하지 않았다는 사실을 알릴 필요는 없다. 단 한 번의 유의미한 결과만 발표해도 아무 문제가 없다고 과학계는 생각한다.

원하는 결론이 나올 때까지 데이터를 고문하는 일은 과학계에 만연해 있다. 특히 서로 상충하는 결과를 얻어도 마음에 드는 결과만 선택적으로 발표하는 관행이 문제다. 기본적인 논리학 원칙에 의하면 어떤 명제 A가 참일 때, 명제 A의 부정 ~A는 참이 아니어야 한다. 마찬가지로 A가 거짓이면, ~A는 참이어야 한다. A와 ~A가 동시에 참일 수는 없다.

하지만 과학계의 선택적 발표는 논리학 원칙에 어긋난다. 예를 들어 B라는 데이터에 의해 A가 참이라는 결론을 얻었다고 하자. 또 C라는 데이터에 의하면 ~A가 참이라고 하자. 이럴 때 어떤 결론을 내려야 할까? A도 참이라고 할 수 없고, ~A도 참일 수 없다. 즉 여기엔 과학이라고 부를 만한 지식이 없는 셈이다. 놀랍게도 경제학 같은 분야에선 A도 통계적 검정을 통과했기 때문에 의미 있는 결과이고, 마찬가지로 ~A도 통계적 검정을 통과했기 때문에 의미 있는 결과라는 입장이다.

과학철학자 칼 포퍼는 바로 이러한 생각이 문제라고 지적했다. 가설의 수립과 검증이라는 방식을 사용하기만 하면, 그 결과가 저절로 과학이 된다는 인식은 포퍼에게는 절대 용납할 수 없는 것이었다.

포퍼는 과학이 왜 과학인지를 재정의했다. 가설을 검증함으로써 과학적 진리를 얻을 수 있다면 앞의 A와 ~A가 동시에 참이 되는 모순을 면할 길이 없다. 포퍼에게 과학은 가설을 부정하는(Falsify) 증거를 발견하는 과정이었다. 부정하는 증거가 발견된 가설은 참일 수 없다. 이러

칼 포퍼

한 과정이 과학의 진정한 방법론이라고 주장하였다.

좀 더 쉽게 설명하면 다음과 같다. 기존의 인식은 가설을 지지하는 증거가 있다면 가설이 참이라고 결론을 내리는 식이다. 포퍼는 이를 뒤집는다. 가설에 반하는 증거가 나타날 때까지 모든 가설은 제한적인 참이다. 그러다 반하는 증거가 나타나면 더 이상 과학적 진리는 참이 아니다. 어떤 가설이 참이라는 사실을 증명하기 위해 일부 필요한 사항만 보여주는 일은 올바른 과학적 방법이 아니다. 사기꾼들의 주장과 가설이 진리가 아님을 보이는 과정이 진정한 과학적 방법론이다.

위와 같은 포퍼의 설명은 수학과 물리학을 공부한 사람들에게는 지극히 당연한 것으로 들린다. 수학적 귀납법에서 단 하나라도 명제에 반하는 사례가 있으면, 그 명제는 더는 참이 될 수가 없다. 물리학도 대체로 비슷한 견해를 갖고 있다. 과거에 법칙으로 인정받았다고 하더라도 그 법칙에 반하는 사례가 발견되면 거의 그 즉시 법칙의 지위를 잃는다. 반대되는 사례까지 포괄하는 새로운 가설로 변경될 수 없다면 법칙은 폐기된다. 아인슈타인은 이와 관련해 다음과 같이 말했다. "아무리 많은 실험을 해도 내가 옳음을 증명할 수 없다. 단 한 번의 실험으로도 내가 틀렸음이 입증될 수 있기 때문이다."

이러한 아인슈타인과 포퍼의 관점은 귀납적 지식의 원초적인 한계를 실제 세계에서 인식한 결과였다. 순수한 수학 세계를 제외하면 귀납적 논리 체계는 깨지기 쉬운 유리병과 같은 존재다.

앞의 사실을 처음으로 지적한 사람은 왠지 관념주의자나 연역적 방법을 지지하는 사람이었을 듯싶다. 그러나 문제를 제기한 사람은 1711년에 스코틀랜드에서 태어난 경험주의 철학자 데이비드 흄이었다.

흄의 설명을 들어보자. 영국인 제임스 쿡이 오스트레일리아를 탐험하기 전까지 유럽인들은 백조는 하얗다고 믿었다. 그들이 본 백조는 모두 흰색이었다. 당연히 '백조는 하얗다'라는 명제를 진리로 여겼다. 그런데 오세아니아에서 검은 백조가 발견됐다. 유럽인들은 당황했다. 이제 '백조는 하얗다'라는 명제는 참이 아니었다. 귀납적 방법에 의존하는 진리는 이토록 취약하다. 1806년에 영국에서 태어난 철학자 존 스튜어트 밀은 위에서 흄이 제기한 문제를 '검은 백조'라고 불렀다. 불확실성의 철학자 나심 탈레브는 『블랙 스완』이라는 책을 통해 검은 백조 문제를 유명하게 만들었다.

따라서 과학이 과학으로서 기능하려면 가설이 틀렸을 수도 있다는 사실을 찾는 절차가 중요하다. 가설을 증명하는 일이 중요한 게 아니라 반증을 통해 가짜 진리를 제거하는 일이 더 중요하다는 뜻이다.

물론 반증의 절차를 통과했다고 해서 절대적인 진리가 입증되었다고 볼 수는 없다. 이는 귀납적 방법에 의존하는 진리 체계가 극복할 수 없는 근본적인 한계다. 어떤 지식이 귀납적 방법에 따라 여태까지 참이라고 판별되었다고 하자. 그렇더라도 미래에 새로운 반례가 나타나지 말란 법이 없다. 반례가 나타나면 그 지식은 더는 과학적 진리의 지위를 유지할 수 없다.

이와 같은 방식으로 구성된 과학적 진리는 닫혀 있기보다는 열려 있는 체계다. 한번 참으로 인정받았다고 해서 영원히 참이지 않다. 그만큼 독단적으로 될 가능성이 작다. 조심스럽고 겸손한 지식 체계라는 뜻이다. 이러한 지식 체계는 다원주의적이면서 민주주의적인 사회 체제와 맥을 같이 한다.

그런데 이렇게 과학적 방법론을 재정의하고 나면 한 가지 사실이 눈에 들어온다. 어떤 분야는 위와 같은 반증 가능성을 아예 원천적으로 차단하고 있다. 반증 가능성이란 말 대신에 부인 가능성이나 시험 가능성이라는 말을 써도 무방하다.

반증 가능성을 부인하는 대표적인 분야가 형이상학과 종교다. 이들의 주장과 명제는 형태상으론 과학의 명제와 유사해 보인다. 그러나 그 주장과 명제는 반증할 방법이 없다. 그래서 포퍼에 따르면 이들 분야는 비과학적이다. 다시 말해 이들은 과학이 아니다. 과학적 방법론의 핵심은 입증에 있지 않고 반증에 있다. 반증 가능성을 허용하지 않는 대상은 과학의 영역에 속할 방법이 없다.

포퍼는 형이상학적 주장이 참일 가능성을 아예 배제하지는 않았다. 또 참이 아닌 거짓이라고 주장하지도 않았다. 다만 그러한 주장은 반증할 방법이 없다는 것을 지적했다. 그렇기에 그게 맞는지 틀리는지를 증명하려고 힘을 뺄 필요가 없다는 말이었다.

형이상학과 종교 외에도 반증 가능성이 없는 분야가 여럿 있다. 포퍼는 이들을 가리켜 사이비 과학이라고 불렀다. 과학이라고 불리지만 사실은 과학이 아닌 분야다.

과학과 경제의 인과관계상 오류

지금까지 나온 이야기를 정리해보자. 통상적인 인식에 의하면 과학이 근원적이며 이로부터 딸려 나온 게 엔지니어링이다. 따라서 기초과학의 성장과 발전이 국가의 산업과 경쟁력을 강화하는 데 필수다.

그렇지만 지금까지 살펴본 바에 의하면 이러한 인식은 설 자리가 없다. 시간적 선후 관계상 엔지니어링의 역사가 더 오래되었고 과학은 그에 비해 비교적 근대의 창작물이다. 과학이라 칭해지는 일들이 사실상 엔지니어링인 경우가 흔하다. 또한 과학이라 불리는 영역에서 적지 않은 부분들이 진정한 과학이 아닌 사이비 과학이다.

이쯤 되면 과학에 대한 통상적인 인식이 신화에 불과하다는 사실을 누구라도 깨달을 만하다. 그런데도 왜 이런 주장이 계속되는 걸까?

그러한 주장의 배후에 자리한 의도는 뒤로하고, 이러한 주장은 인과관계를 오인한 결과다. 명제 기호를 사용해 앞의 주장을 나타내보자. '국가의 경제력이 흥한다'를 c로, '엔지니어링과 같은 산업의 경쟁력이 높다'를 b로, '과학의 수준이 높다'를 a로 놓자. 이것을 논리학 기호로 표현하면 다음과 같다.

a → b → c

c를 달성하려면 b가 전제되어야 하고, b를 달성하려면 a가 전제되어야 한다. 결국 c를 이루기 위해서는 a가 이뤄져야 한다는 결론이다. 그러므로 과학에 대한 대대적인 지원이 필요하다고 주장한다. 그러면 과학계는 a → b가 참이라는, 다시 말해 과학이 발전해야 엔지니어링이 따라 발전한다는 증거를 갖고 있을까?

이런 질문을 던져 보면 아마도 다음과 같은 대답을 듣게 될 것 같다. 현재 선진국인 나라들은 한결같이 기초과학에 대한 지원이 개발도상국보다 더 많다는 사실을 지적한다. 얼핏 보면 이는 부인할 수 없는 사실처럼 보인다.

또 다른 방법으로 상관계수를 동원하는 경우도 있다. 예를 들어 기초과학 투자 비율과 1인당 국민소득 간의 상관계수를 구해보니 50퍼센트라는 높은 수치가 나왔다는 식이다. 사실 50퍼센트가 높은지 아닌지 일반인들은 판단하기 어렵다. 통계전문가들에게 물으면 50퍼센트의 상관계수는 아주 낮은 값은 아니라는 모호한 대답이 돌아온다. 아무튼 상관계수를 구한 측의 의도는 분명하다. '봐라, 기초과학에 투자를 많이 한 만큼 국민소득이 올라간다는 사실이 증명된 게 아니냐?' 이것이 그들이 하고 싶은 말이다.

그러면 정말 a → b가 증명된 것일까? 아니다. 절대 그렇지 않다. 왜냐하면 상관계수와 인과관계는 전혀 별개의 대상이기 때문이다. 사이비 과학자들은 상관계수로써 인과관계를 나타낼 수 있는 것처럼 암시한다. 그러한 암시 자체가 해당 분야가 사이비 과학이라는 사실을 입증하는 한가지 증거다.

통계학 기초에서 반드시 다루는 내용이 있다. 바로 상관계수를 갖고 인과관계를 나타낼 수 없다는 내용이다. 좀 더 구체적으로 말하자면, 두 확률 변수의 상관계수가 1에 가깝다고 해서 두 변수 사이에 인과관계가 성립한다고 주장하면 안 된다. 예를 들어 a와 b의 상관계수가 0.9라고 하자. 이 사실만을 갖고는 a가 b를 일으키는 경향이 있는지, 아니면 반대로 b가 a를 일으키는 경향이 있는지 알 수가 없다.

그뿐만 아니라 a와 b 사이에 아무런 인과관계가 없이 제3의 변수 c에 의해 a와 b가 야기되었을 가능성도 있다. 예를 들어 여자의 치마 길이와 아이스크림 판매량 사이에 강한 상관관계가 있다고 해보자. 이걸 두고 치마 길이가 짧아지면 아이스크림 판매가 늘어난다고 말하거나, 혹은 반대로 아이스크림 판매가 늘어나면 치마 길이가 짧아진다고 말했다간 큰일 난다. 상식적으로 둘 사이엔 아무런 인과관계가 없다.

그럼에도 불구하고 상관계수의 절댓값이 1에 가까운 이유는 계절과 기온이라는 공통 변수에 지배되기 때문이다. 여름이 되면 날씨가 더워 치마가 짧아지고 아이스크림이 더 팔린다. 하지만 치마가 짧아졌다고 여름이 되거나, 혹은 아이스크림이 더 팔려서 기온이 올라가지는 않는다.

또 다른 가능성도 있다. 현실 세계에서 절대로 무시할 수 없는 흔한 가능성이다. 이른바 허구적 상관관계의 경우다. 위에는 제3의 변수라는 매개라도 있지만 허구적 상관관계는 오직 우연의 결과다. 일례로 미국 프로 풋볼리그의 우승팀이 소속한 리그와 미국 주식시장 사이의 상관계수를 구하면 꽤 높은 수치가 나온다.

이쯤에서 기초과학에 대한 투자와 1인당 국민소득 이야기로 돌아오자. 실제 데이터를 살펴보면 이 둘 사이에서 어느 정도 상관관계가 존재하는 것처럼 보인다. 하버드 경영대학원의 한 교수는 『혁신의 구조』라는 책에서 현재 미국의 과학 투자 비율이 1950년대, 1960년대와 비교해서 낮아졌다고 걱정했다. 뒤이어 향후 미국의 경쟁력이 우려되므로 과학 투자 비율을 다시 올려야 한다는 낯익은 주장을 펼쳤다.

위와 같은 주장은 원인과 결과가 뒤바뀐 난센스다. 실제론 외부적 요인에 의해 경제가 호황을 누린 게 먼저다. 형편이 좋을 땐 사람들은 꼭 필요하지 않은 사치품에도 돈을 쓴다. 막강한 경제력이 높은 과학 수준을 발생시키는지는 알기 어렵다. 하지만 경제력의 여유는 과학 분야가 좀 더 많은 재정적 지원을 얻는 직접적인 요인이 될 수도 있다.

다른 한편으로 b → c는 참으로 보인다. 즉 엔지니어링의 수준이 높으면(b) 경제력이 높아진다(c)는 명제는 인과관계가 자연스럽다. 이는 엔지니어링의 수준이 곧 경제력의 다른 표현이기 때문이다. 앞에서 밝혔듯이 엔지니어링은 외부의 지원 없이도 자립적으로 기능하는 분야다.

앞의 하버드 경영대학원 교수의 주장은 현상은 봤지만, 본질은 보지 못한 주장이다. 20세기 중반에 기초과학 투자를 많이 한 덕분에 미국이 전성기를 이룬 것이 아니다. 21세기에 기초과학 투자를 줄인 탓에 미국이 쇠퇴하고 있는 것도 아니다. 20세기 중반은 외부적인 요인으로 미국의 국력이 최고조에 달한 시기였다. 그 결과 과학 분야에 대해 조금은 낭비할 수 있는 여력이 있었다. 그러나 21세기엔 미국의 국력이 예전만 못해서 낭비할 형편이 못 된다.

비슷한 예라고 할 수 있는 대상이 또 있다. 대학 교육과 경제력의 관계다. 학교 교육을 강화하거나 혹은 학교에 대한 투자가 선행되어야 국가의 경제력이 향상된다는 논리를 흔히 접한다. 한국이 6.25 전쟁 직후 세계적으로 가난한 나라에서 현재 수준까지 성장한 데는 대학을 중심으로 한 고등교육의 역할이 지대했다는 식이다. 그러므로 지금 이상으로 한국의 경제가 성장하려면 대학교와 대학원에 더 많은 지원과 투자를 해야 한다는 주장이다.

이 또한 원인과 결과가 뒤바뀐 것일 수도 있다. 일정 수준의 교육이 산업화에 필요하다는 사실을 부인할 수는 없다. 예를 들어 문맹의 수를 줄이고 직업윤리를 강화하는 일은 개발도상국이 첫 번째로 취해야 할 정책이다. 그러나 고등교육의 증가는 국가의 경제력 향상의 원인이기보다는 의도되지 않은 부산물에 가깝다. 경제력이 향상되고 삶에 여유가 생기면 고등교육의 본질은 사치품의 성격을 갖는 지위재로 바뀐다. 학력이 일종의 신분처럼 활용될 수 있다는 뜻이다.

　정리해보자. 엔지니어링의 도움이 없다면 과학 단독으로 할 수 있는 일은 제한적이다. 엔지니어링은 과학의 도움이 없어도 충분히 기능한다. 과학은 엔지니어링을 필요로 하지만 엔지니어링에게 과학이 꼭 필요한 존재가 아니라면, 어느 쪽이 좀 더 근원적이고 포괄적일까? 답은 당연히 엔지니어링이다. 과학으로부터 엔지니어링이 나오는 게 아니라 엔지니어링에 포괄된 조그만 부분집합으로서 과학이 존재한다. 우리의 생각보다 그리 중요하지 않은 분야가 과학이라는 이야기다.

3장
엔지니어링은 세상에 해결책을 내놓는다

이번 장에서는 엔지니어링의 진면모가 무엇인지 알아보도록 하자. 실체가 있는 무언가를 만들어내는 엔지니어링과 새로운 원리를 찾아내려는 과학은 각기 다른 지향점을 갖고 있다. 그 차이는 크고도 넓다.

엔지니어링이 무언가를 만들어내는 이유는 실제적인 문제를 해결하기 위해서다. 실제적인 문제에는 백이면 백, 시간과 자원상의 제약이 있다. 그래서 엔지니어링은 분야 간 장벽에 구애받지 않고 도움이 되는 일은 무엇이든 가져다 쓰려고 한다. 그런 면에서 스페셜리스트처럼 보이는 엔지니어링은 사실은 제네럴리스트다.

▋엔지니어링은 만드는 것이다

▍엔진은 중세의 군사 무기였다

어떠한 분야의 본질을 이해하는 데 해당 분야를 가리키는 단어의 어원만큼 좋은 것이 없다. 왜냐하면 그 분야가 밟아 온 발자취와 진면모가 고스란히 드러나기 때문이다.

엔지니어링의 역사는 인류의 역사에 그대로 투영이 된다. 원시인들은 자신의 육체적 한계를 극복하기 위해 도구를 만들기 시작했다. 돌을 깨서 석기를 만들고, 물이나 곡물, 열매 등을 담기 위한 토기를 만드는 시점이 바로 엔지니어링의 시작이었다.

이후의 발전 과정은 단계적이다. 먼저 청동을 주조해 각종 도구를 만든 청동기 시대와 청동보다 강도가 센 철을 제련해 활용하는 철기 시대를 거쳤다. 그 뒤를 이어 증기 엔진과 직조기계의 발명으로 산업혁명 시대와 인터넷과 컴퓨터를 통한 정보화 시대가 차례로 도래했다. 산업혁명 시대는 인간의 육체적 한계를 넘어선 시대였고, 정보화 시대는 인간의 정신적, 계산적 능력에 커다란 향상을 이룩한 시대였다. 엔지니어링은 이 모든 시대의 발전을 이끌어왔다.

엔지니어링이라는 단어는 엔지니어라는 단어에서 유래되었다. 글자 그대로 '엔지니어가 하는 행위' 혹은 '엔지니어가 하는 방식'이라는 의미다. 엔지니어라는 단어는 기록상으론 1325년에 최초로 쓰였다. 군용 엔진을 만드는 사람을 가리키기 위해 만든 단어였다. 여기에서 말한 엔진은 증기 엔진이나 가솔린 엔진과 같은 내연기관이 아니었다. 그때는 아직 증기 엔진조차 세상에 나오기 전이었다.

당시에는 엔진이 군사적 목적의 기계장치를 의미했다. 무거운 돌을 날려 보내 적의 성벽을 무너뜨리려는 투석기가 대표적인 엔진이었다. 14세기 공성전에선 투석기 외에 트레뷰셋이나 파성퇴 등도 사용되었다. 트레뷰셋은 부패한 시체 등을 날리는 데 쓰이던 기계였고 파성퇴는 성문을 부수는 데 쓰이던 장치였다. 이러한 기계를 총칭하여 공성 엔진(Siege Engine)이라고 불렀다. 사실 공성 엔진은 14세기에 최초로 만들어진 물건이 아니다. 투석기 같은 기계는 기원전의 기록에도 자주 등장한다.

당연히 엔진이라는 말도 14세기보다 한참 예전부터 사용해왔다. 엔진의 어원은 라틴어 인게니움(Ingenium)이다. 인게니움은 내적 기질, 지적 능력, 통찰력 등의 뜻을 가졌다. 인게니움은 결코 좁은 분야의 전문적인

공성전에서 부패한 시체 등을 날리는 데 사용한 트레뷰셋

지식이 아니었다. 어떤 대상에 대해 총체적인 관점에서 현명함을 발휘하고 균형을 유지할 수 있는 것을 의미했다. 인게니움에서 유래된 영어로 인지니어스(Ingenius)가 있다. '기발한, 창의적인, 절묘한, 재주가 많은' 등의 뜻을 갖는 단어다. 천재로 번역하는 영어 지니어스는 인지니어스와 사촌 관계다.

창의적이며 절묘하다는 뜻을 가진 엔진은 산업혁명 시대에 발명된 대부분의 기계장치를 지칭하는 단어로 정착되었다. 그러한 발명품 중 가장 큰 파급효과를 가져온 물건은 바로 증기 엔진이었다. 사람과 동물의 힘으로 하지 못했던 일을 이제 증기 엔진이 할 수 있어서였다. 이후 엔진은 동력장치의 동의어로 자리 잡았다.

요즘에는 증기 엔진을 거의 사용하지 않기에 엔진은 거의 전적으로 내연기관을 지칭하는 말로써 사용된다. 내연기관이란 가솔린 엔진이나 디

산업혁명 시대에 만들어진 증기 엔진(© Chris Allen)

젤 엔진처럼 불에 타는 물질을 엔진 내부에서 태워 힘을 얻는 기계를 가리킨다. 재미있는 사실은 내연기관을 처음 개발했을 때 증기 엔진과 구별하기 위해 엔진이라는 말을 안 쓰고 모터(Motor)라고 불렀다는 점이다. 현재도 모터사이클이나 모터스포츠라는 말처럼 내연기관을 의미하는 모터가 사용되고 있다.

내연기관이 아닌 엔진도 물론 없진 않다. 그중 하나가 로켓 엔진이다. 이는 연소로 인해 발생하는 에너지를 한쪽으로 향하게 만들어서 그 반작용으로 운동하는 기계다. 제트 엔진도 앞의 내연기관이나 로켓 엔진과 방식은 다르지만 운동에너지를 얻는 장치다. 심지어 컴퓨터 프로그램에서도 엔진이라는 말이 사용된다. 이때의 엔진은 가장 중요하고 핵심적인 부분이나 모듈을 지칭하는 말이다.

엔지니어링은 창조하는 것이다

엔지니어링은 과학에 의해 제안된 원리를 무조건 무시하지는 않는다. 엔지니어링은 주먹구구식도 과학적 원리도 모두 다 품고 있다. 도움이 된다면 그 원리를 얼마든지 가져다 쓸 의향이 있고, 실제로 쓰고 있기도 하다. 엔지니어링에게 과학은 사용할 수 있는 도구 중 하나다.

그렇게 엔지니어링으로 만들어진 물건 중에 바퀴가 있다. 어떤 사람은 바퀴를 인류 역사상 가장 중요한 발명품으로 꼽기도 한다. 누가 언제 어떻게 바퀴를 창조했는지는 알려지지 않았다. 앞에서도 말했지만 이에 대한 정답은 그렇게 중요하지 않다.

바퀴의 기원에 대해선 여러 가지 설이 존재한다. 그중에서 무거운 물건을 나를 때 통나무를 굴려 사용한 데서 유래됐다는 설이 가장 그럴듯하다. 실제로 이집트 피라미드에는 이러한 과정을 묘사한 벽화가 그려져 있다. 어떻게 하면 좀 더 편하게 물건을 나를 수 있을까 궁리하다가 통나무를 얇게 자른 원반이 바퀴가 되었다는 짐작이다.

기록으로 남아 있는 가장 오래된 바퀴는 기원전 3500년경의 메소포타미아 유적지에서 발굴된 전차용 바퀴다. 바퀴의 파급효과는 엄청났다. 혼자서 나를 수 없던 짐을 이제 수레를 통해 나르는 게 가능해졌다. 다시 말해 인류 문명의 생산성이 비약적으로 향상됐다. 또 바퀴 달린 수레는 군사적 목적으로도 대량 생산되었다. 그로 인해 군대의 보급이 쉬워졌고, 빠른 속도로 적진을 휘저을 수 있는 병거(Chariot)가 강력한 공격 수단으로 자리를 잡았다.

바퀴는 결코 당연한 물건이 아니었다. 자연계에 바퀴와 비견할 만한 사물은 없다. 실제로 아메리칸 인디언과 잉카인은 바퀴의 존재를 알지 못했다. 유럽인들을 통해 보고 난 후에야 그런 게 가능하다는 사실을 알

바퀴의 발명은 인류 문명에 큰 영향을 미쳤다.

았다. 이는 바퀴가 인류 문명의 위대한 엔지니어링 성취였다는 사실을
증명한다.

엔지니어링은 뭔가를 하나 새로 만들었다고 해서 거기서 멈추지 않는
다. 무엇이 되었든 조금 더 좋게, 조금 더 쓸모 있게, 조금 더 효과 있게
만들려고 한다. 그게 바로 엔지니어링의 핵심이다.

고대의 엔지니어들은 처음에는 통나무를 통째로 잘라서 바퀴를 만들
었다. 그러다가 이를 좀 더 개선할 방법을 궁리하기 시작했다. 그러한 시
험과 궁리 끝에 기원전 2000년경 바퀴에 관한 여러 가지 진보를 이루었
다. 지면과 접촉하는 부분에 가죽을 대어 승차감을 좋게 만들거나 구리
를 대어 내구성을 키웠다. 또 바퀴의 안쪽 부분을 파내어 무게를 대폭 줄
이면서 내구성에서는 큰 차이가 없는 바큇살을 가진 바퀴가 등장했다.

바퀴의 존재는 이후 고대의 엔지니어들이 작은 힘으로도 무거운 물건
을 들어 올리는 도르래와 같은 장치를 창조하는 데 결정적인 역할을 하
였다. 또한 기어를 비롯한 대부분의 기계요소에는 바퀴가 자리한다.

엔지니어링의 창조는 유형물에 국한되지 않는다

엔지니어링을 단순히 유용한 물건을 만드는 것으로만 생각하면 그 의
미를 너무 좁게 이해할 우려가 있다. 엔지니어링의 영역은 그보다 훨씬
광범위하다.

엔지니어링을 통해 만들어진 인공물은 한번 완성되었다고 끝나는 게
아니다. 모든 생명체와 마찬가지로 물건은 수명을 가지고 있다. 그 수명
내에서는 기능을 담보하기 위한 유지보수가 필요하다. 또 물건의 수명이

끝나면 이를 다시 해체하고 재활용해야 한다. 이러한 유지보수와 재활용도 엔지니어링의 영역에 속한다.

항공기나 플랜트가 오래되면 갑자기 파괴될 수도 있다. 왜냐하면 피로 파괴라는 현상 때문이다. 모든 재료는 가해지는 힘이 어떤 한계를 넘어서면 휘거나 심하면 부러진다. 피로 파괴는 그렇게 큰 힘을 받은 적이 없었는데도 불구하고 부서지는 경우를 뜻한다. 힘의 크기에 따라, 그리고 그 힘이 반복해서 가해지는 주기에 따라 피로 파괴가 일어날 수 있는 조건이 다르다.

또한 엔지니어링이 창조하는 대상은 비단 물리적인 유형물에 국한되지 않는다. 가장 이해하기 쉬운 예로 컴퓨터 프로그램이나 소프트웨어가 있다. 이들은 분명 물리적인 유형물은 아니다. 프로그래밍 언어로 구성된 코드를 손으로 직접 만질 수 있는 사람은 없다. 그렇다고 과학의 추상적인 원리도 아니다. 프로그램 혹은 코드는 수행하는 역할이 구체적이면서 명확하다. 또 자연에서 저절로 생겨나지 않고 인간의 노력으로 만들어지므로 이것 또한 엔지니어링의 대상이다.

요한 볼프강 폰 괴테라는 이름을 대부분 들어봤을 것이다. 한국에선 『파우스트』나 『젊은 베르테르의 슬픔』과 같은 문학 작품을 쓴 작가로 알려져 있다. 사실 괴테는 시와 소설, 희곡을 쓰는 일 외에도 다양한 일을 했다. 예를 들어 식물변태학, 비교해부학, 지질학, 광학 등에서도 발자취를 남겼다. 괴테는 엔지니어로 일한 적은 없지만 엔지니어링 정신을 본능적으로 지녔던 사람이었다. 그가 남긴 말을 보면 분명히 알 수 있다.

"아는 것만으로는 충분하지 않다. 우리는 행동해야만 한다."

▋엔지니어링은 미학적이다

▋엔지니어링의 설계와 미술의 디자인은 서로 다르지 않다

지금은 학부제로 바뀌어 학과 간의 통폐합이 많이 이뤄졌지만, 내가 학부를 다니던 1980년대엔 서울대 공대에 총 18개의 독립된 학과가 존재했다. 그중 단 2개의 학과만이 과 이름에 공(工)자를 갖고 있지 않았다. 하나가 건축학과요, 다른 하나가 기계설계학과였다. 후자가 내가 나온 과였다.

건축학과와 기계설계학과에는 또 다른 공통점이 있었다. 전공과목을 배우기 시작하는 2학년 1학기부터 이른바 제도 통이라고 불리는 원통 가방을 메고 다녔다는 점이다. 미대생이 아닌 다음에야 포트폴리오를 넣을 수 있는 그런 가방을 메고 다닐 이유가 없었다. 학교 안에서 제도 통을 메고 있는 낯선 사람을 보면 '아, 저 친구가 건축 아니면 디자인을 공부하겠구나.' 하고 짐작할 수 있었다.

갑자기 무슨 말인가 싶겠지만, 앞의 사례는 지금부터 내가 하려는 이야기를 상징적으로 보여준다. 즉 기계설계의 설계와 건축의 설계, 나아가 미술의 디자인까지 사실은 별로 다르지 않다는 말이다. 엔지니어링의 영역에서 하는 설계와 예술의 영역에서 하는 디자인이 서로 다른 일인 것처럼 이해하는 경우가 많지만 실제로는 그렇지 않다.

영어 디자인(Design)의 정의를 보면, '어떤 사물이나 대상을 만들기 위해 계획이나 도안을 만들어내는 것'이라고 되어 있다. 이 단어는 특정 분야로만 사용이 제한되지 않는다. 어원상 디자인은 라틴어 데시그나레

(Designare)에서 유래했다. 데시그나레는 '지시하다, 표현하다, 성취하다'라는 뜻을 갖는다. 이는 디자인이 나타내는 행위의 본질을 잘 보여준다.

엔지니어링에서 말하는 설계는 영어 단어 디자인을 번역한 말이다. 미술에서 사용하는 그 디자인과 같은 단어다. 영어에선 한 단어임에도 불구하고 한국에선 설계와 디자인이 별개의 행위처럼 취급된다. 엔지니어링의 설계와 미술의 디자인은 성격이 달라서 별도의 단어를 사용하는게 더 타당하다고 주장할 사람도 있을 것이다. 그런데 그런 생각이 드는 이유는 그냥 그 두 가지가 다른 성격의 것이라고 배워왔기 때문이다. 설계와 디자인이 분리되어야 마땅할 대상이라면 영어에서 설계에 대한 별도의 단어가 생겨났어야 마땅하다. 그렇지 않다는 사실로 미루어 보건대 둘은 차이점이 강조되기보다는 공통점이 훨씬 큰 대상이다.

백과사전에 의하면 디자인이란, 주어진 어떤 목적을 달성하기 위하여 여러 조형 요소 중에 필요한 것을 의도적으로 선택하고 이를 합리적으로 구성하여 유기적인 통일을 얻고자 하는 창작활동이다. 또한 디자인은 관념적인 것이 아니고 실체적인 것으로서 어떠한 종류의 디자인이든지 실체를 떠나서는 생각할 수 없다. 이러한 사항을 좀 더 정리하여 디자인은 합목적성, 심미성, 경제성, 독창성을 갖고 있어야 한다는 말로 요약하기도 한다.

그런데 이러한 정의와 성격은 엔지니어링의 설계에도 전적으로 적용되는 사항들이다. 엔지니어링의 설계를 정의할 때 앞에 설명한 디자인에 관한 표현을 쓰지 않고서는 제대로 규정할 방법이 없다. 설계를 해본 적이 있는 엔지니어와 건축가라면 누구나 공감할 만한 내용이다.

미술에서 디자인이라는 단어는 사실 상당히 최근에 사용되기 시작한 신조어다. 20세기 초에 디자이너 레이먼드 로위가 순수예술과 비교할 대상으로 응용예술을 지칭하는 의미로 쓴 게 최초다. 이후 독일의 바우하우스와 울름 조형대학 등을 통해 디자인은 하나의 예술 용어로 자리 잡았다. 분야로서의 디자인은 디자인하는 대상에 따라 산업디자인, 시각디자인, 의상디자인 등으로 나뉜다. 어느 쪽이든 디자인의 행위적 본질은 공통적이다. 그렇기에 디자인이라는 단어가 공통으로 사용된다.

예술을 한마디로 정의하는 일은 절대 쉽지 않다. 사실 자기충족적이고 총체적인 예술을 몇 줄의 언어로 규정하려는 시도 자체가 무리한 일이다. 볼프강 울리히의 『예술이란 무엇인가』에 의하면 예술의 개념과 정의는 시대의 흐름에 따라 변해왔다. 시대와 장소가 동일해도 각 개인이 가진 미적 기준은 천차만별이다. 같은 작품을 보면서도 한 사람은 위대한 걸작이라고, 다른 사람은 평범한 졸작이라고 느끼는 일도 심심치 않게 벌어진다. 모두가 동의할 만한 예술의 보편적 기준을 정하기는 아무래도 어려울 듯싶다.

그래도 가장 많은 사람이 인정할 예술의 한 가지 특성은, 예술가 본인이 자신의 미적 즐거움을 위해 무언가를 창작한다는 점이다. 볼 수 있고, 들을 수 있고, 만질 수 있고, 느낄 수 있는 무언가를 창조하는 일은 예술 행위의 본질이다. 또한 이를 행하는 예술가가 가장 희열을 느끼는 부분이기도 하다.

그러한 창조의 결과물이 어떻게 받아들여질지 미리 알 수는 없다. 다수의 사람에게 걸작으로 칭송받을지 아니면 아무도 거들떠보지 않는 평범한 작품이 될지는 아무도 모른다. 하지만 예술가에게 창작 행위의 결과물이 어떻게 소비되는가는 부차적인 문제다. 활시위를 떠난 화살처럼 대부분의 예술가는 크게 개의치 않는다. 그들은 창작 자체의 욕구와 이를 실현하는 과정에서 느끼는 희열 때문에 작업한다고 고백한다. 엔지니어링 디자이너가 자신의 작업에서 느끼는 감정도 정확히 똑같다.

엔지니어링과 디자인에는 정답이란 없다

학부 시절에 수강한 과목 중에 기계요소설계라는 과목이 있었다. 당시 기계설계학과 학부생이라면 3학년 때 두 학기 내내 반드시 들어야 하는 과목이었다. 우리와 사촌지간이라고 할 수 있는 기계공학과 학부생들도 듣기는 했지만, 그들은 1학기만 필수고 2학기 땐 선택이었다. 과 이름의 차이 때문일까, 기계공학과 친구들은 건성건성 들었지만 우리는 그럴 수 없었다. 명색이 기계설계학과 학생으로서 그 과목은 우리의 정체성과도 같았다.

기계요소설계는 악명 높은 과목이었다. 학부 4학년 동안 듣는 모든 과목 중에서 가장 힘들고 어려운 과목이라는 소문이 자자했다. 신입생 환영회 때부터 이 과목에 대한 전설을 전해 들었다. 선배들이 들려주는 이야기는 비현실적이었다. 1년 내내 집에도 가지 못하고 프로젝트를 수행한다는 말을 듣고는 두려움에 몸을 떨었다.

한 학기 동안 수행해야 하는 프로젝트는 총 세 개였다. 각 프로젝트에선 여러 종류의 기계요소를 조합하여 직접 새로운 기계장치를 디자인하는 과제가 주어졌다. 여기서 디자인한다는 의미는 실제 사용이 가능한 설계도면을 제출해야 한다는 뜻이었다. 또한 도면의 디자인이 기능적으로 문제가 없다는 것을 증명하는 보고서도 첨부해야 했다. 보고서의 분량은 책 여러 권의 두께에 달했다.

이 과목이 그토록 악명 높았던 이유 중 하나는 수업 방식 때문이었다. 수업시간에 배운 내용을 프로젝트에 적용하는 방식이 아니었다. 강의는 피상적으로 진도가 나갔다. 수업시간에 배우는 내용과 프로젝트는 전혀 무관했다. 그런데도 조교는 첫 수업에서 첫 번째 프로젝트의 마감일은 5주 후라고 엄숙히 선언했다. 한마디로 아무것도 모르는 무방비 상태로 과제를 시작하도록 내몰렸다.

그러니 아직 기계 엔지니어라고 불리기엔 아는 게 별로 없는 우리는 봉천동과 신림동의 여관방에서 합숙하며 함께 공부하는 수밖에 없었다. 알아야 할 내용은 너무나 많았지만 그걸 어디서 찾아야 할지 알려주는 사람은 없었다. 모든 게 이른바 '맨땅에 헤딩'이었다. 1989년 1학기에 나는 단 하루도 집에서 잠을 잔 적이 없었다. 그 학기 내내 아침마다 유령과 같은 몰골로 제도 통을 매고 봉천동의 골목길을 빠져나오던 친구들의 모습이 아직도 선하다.

대개의 작업은 이런 식이었다. 한 명이 일종의 선구자가 되어 해당 내용을 찾아 익히고 그걸 도면에 나타낸다. 그러면 나머지들이 선구자의 디자인을 보고 우르르 따라 한다. 흥미롭게도 선구자의 디자인은 항상 어딘가가 잘못된 부분이 있었다. 검토가 필요한 사항을 빠트렸다든지 혹은 계산에 오류가 있었다든지 하는 식이었다. 뒤따라 가는 대다수는 그런 실수를 피할 수 있었다.

그런 과정을 거쳐 나온 최종 디자인은 놀라울 정도로 서로 달랐다. 몇 주 동안 밤새우면서 같이 공부해 알게 된 내용은 프로젝트가 마무리될 때쯤에는 큰 차이가 없었다. 하지만 결과는 전부 제각각이었다. 그 모든 디자인은 주어진 제약조건을 훌륭하게 만족시키는 방안들이었다. 딱히 누구 디자인이 더 낫다고 말하기 어려웠다.

유일한 공통점이 하나 있다면 디자인 자체가 아니라 우리가 느꼈던 감정이었다. 다른 친구의 디자인을 보면서 '너는 거기를 그렇게 처리한 모양인데, 내가 처리한 방식이 더 낫다고!' 하고 자부심을 느끼지 않는 사람이 없었다. 한 학기 동안 여관방에서 밤을 지새우는 과정은 병아리 학부생이 기계 엔지니어로 새로 태어나기 위해 거쳐야 하는 일종의 통과 의례였다. 엔지니어링에서 문제를 해결하는 방법이 한 가지가 아니라는 사실을 온몸으로 깨닫는 과정이기도 했다.

엔지니어링의 디자인에서 하나 이상의 답이 존재하는 이유가 있다. 디자인이 만족시켜야 하는 기준과 목적이 하나가 아니기 때문이다.

예를 들어 스포츠카에 요구되는 성능은 다양하다. 최고시속이 얼마나 나와야 할지, 정지 상태에서 시속 100킬로미터까지 도달하는 데 걸리는 시간인 제로백 타임이 얼마나 될지, 또 외관은 독창적이면서도 유려하여

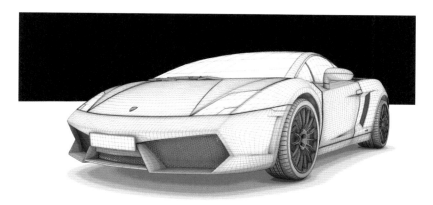

엔지니어링의 디자인은 엔지니어의 상상에 따라 전혀 다른 모습으로 구현된다.

야 하고, 고속주행을 위해 저항계수도 낮아야 한다. 안전도 빼놓을 수 없다. 혹시라도 있을지 모르는 충돌을 대비해 충격 흡수능력이 뛰어나야 한다. 각종 편의장치도 탑재해야 하지만 동시에 가격이 너무 비싸지면 안 된다. 이런 모든 기준을 만족시키는 방안은 엔지니어의 상상에 따라 전혀 다른 모습으로 구현된다.

디자인의 다원성, 다시 말해 정답이 여러 가지일 수 있다는 점은 과학과 좋은 대조를 이룬다. 과학은 원리를 추구하기에 다원성과 상극에 가깝다. 원리란 본질적으로 자신의 원리만 옳고 나머지는 다 옳지 않거나 열등하다는 관점을 갖는다. 그렇기에 과학의 관점으로 디자인을 바라보면, 과학의 원리를 따른 디자인은 옳고 그렇지 않은 디자인은 옳지 않다는 식의 흑백논리가 뒤따를 뿐이다.

그리스 시대의 기예, 예술, 과학

엔지니어링은 만드는 것이라는 말과 엔지니어링은 디자인이라는 말에는 공감해도 엔지니어링이 미학적이라는 말은 어색하게 들리는 사람이 있을 듯싶다. 그러나 엔지니어링에도 고유의 미학이 존재한다. 이를 음미하려면 예술과 과학의 어원과 역사를 살펴볼 필요가 있다.

오늘날 아트(Art)라 칭하는 단어의 어원은 라틴어의 아르스(Ars)다. 이 단어는 그리스어의 테크네(Techne)에서 유래되었으며 의미상으로 둘은 동일하다. 통상적으로 기술 혹은 기능으로 번역하는 영어의 테크닉(Technique)은 바로 테크네에서 유래되었다.

테크네는 일반적인 규칙을 가진 지식을 바탕으로 일정한 기술을 구사하는 인간의 모든 창조 활동을 지칭하는 말이었다. 지금의 관점으로 보면 장인 혹은 달인의 제작 활동이 바로 테크네였다.

테크네는 과학의 어원인 에피스테메와 좋은 대조를 이룬다. 에피스테메와 마찬가지로 테크네도 지식을 가리켰다. 하지만 에피스테메가 관념적 지식이라면 테크네는 실제적 지식이었다. 테크네의 경우 무언가를 직접 만들거나 행한다는 사실이 강조되었다. 좀 더 구체적인 예를 들면 회화, 조각, 건축이 바로 대표적인 테크네에 속했다. 이들 활동이 현재 예술에 속한다는 것은 두말할 나위가 없다. 특히 건축은 예술과 엔지니어링의 양 영역에 동시에 위치하며, 양 영역의 분리는 진정한 건축가의 관점으론 불가능한 일이다.

그런데 당시의 테크네는 오늘날의 예술만을 지칭하지 않았다. 가령 전투와 항해, 의료와 웅변 등도 테크네의 대상이었다. 이들은 현대적 관점의 예술과는 무관한 분야다. 당시의 테크네는 인간의 합리적인 활동 전체를 의미했다.

라틴어의 아르스나 그리스어의 테크네 외에도 현대적 관점의 예술과 연결될 만한 단어가 있었을까? 그런 쪽의 대표적인 단어는 그리스어의 무시케(Mousike)다. 그리스신화에는 음악과 시와 춤의 여신 뮤즈(Muse)가 나온다. 무시케는 뮤즈가 불러일으킨 영감 속에서 행하는 모든 활동을 가리켰다. 음악을 나타내는 영어 뮤직(Music)이 바로 무시케에서 유래했다.

무시케의 성격을 좀 더 엿볼 수 있는 단어로 그리스어의 엔투시아스모스(Enthousiasmos)가 있다. 열정이나 열중한 상태를 나타내는 영어의 인쑤지애즘(Enthusiasm)이 엔투시아스모스에서 나왔다. 엔투시아스모스는 신들린 흥분 상태를 나타내는 종교적 용어였다. 엔투시아스모스에 빠진 사람이 하는 행위가 바로 무시케였다. 이를 통해 무시케가 합리적인 규칙과 거리가 먼 감성적인 행위였음을 짐작할 수 있다.

고대 그리스 시대에는 사실 현대적 의미의 과학이라고 할 만한 대상이 존재하지 않았다. 굳이 하나를 고르라면 에피스테메 정도가 현대적 의미의 과학에 비견할 만했다. 하지만 이는 과학이기보다는 형이상학 혹은 철학에 해당하는 내용이었다. 에피스테메는 결코 실증적 지식이 아니었다. 실험을 통해 증명하는 과학적 원리는 거기에 없었다. 자연을 다루는 지식은 에피스테메가 아니라 테크네였다.

과학의 역사를 가르치는 과학사라는 분야가 있다. 과학사에선 자연과학의 기원으로 플라톤과 아리스토텔레스가 예외 없이 언급되곤 한다. 그러나 근대 이전까지 이들의 자연에 대한 담론은 과학이라고 불리지 않았다. 이들이 남긴 담론은 자연철학이라 불렸다. 이는 현대적 개념의 과학과는 거리가 먼 철학의 한 부류였다.

고대의 자연철학과 근대의 자연과학의 차이는 철학과 과학의 차이 이상으로 크다. 자연철학이 관심을 가진 주제는 '왜?'였다. 자연철학에서는 특정 자연현상이 발생하는 이유에 대한 대답을 구하려 했다. 그 대답은 필연적으로 신과 같은 절대자의 존재나 혹은 에테르와 같은 근원적 물질 같은 것으로 귀결될 수밖에 없었다.

근대의 과학은 앞선 자연철학의 '왜?'를 버림으로써 시작되었다. '왜?'라는 질문은 대답하기 어려웠고 정답이 있기도 어려웠다. 근대 과학의 관점은 '왜?'가 아니라 '어떻게?'였다. 자연현상을 묘사하기만 하면 그걸로 충분했다. 예를 들어 물체의 가속도와 가해지는 힘이 왜 연결되는지는 알 필요가 없어졌다. 다만 둘이 비례한다는 사실로 충분했다. 이러한

'어떻게?'의 관점은 과거의 자연철학이 지식이 아니라고 무시하던 바로 그 상태였다.

그래서 과학은 과학의 본질에 대해 이중적인 태도를 보인다. 과학이 오래되었다는 사실을 강조하고 싶을 때는 고대 그리스 시대의 자연철학이 사실상 과학이었다고 설명한다. 동시에 과학은 형이상학이나 종교와 질적으로 다른 합리적이고 검증 가능한 지식이라고 주장한다. 이러한 두 가지 주장은 서로 양립할 수 없다.

정리해보자. 고대 그리스 시대에는 현대의 기예에 가까운 테크네와 현대의 예술에 가까운 무시케만 존재했다. 건축은 대표적인 테크네로서 고대의 엔지니어링이라 할 만하다. 반면에 고대 그리스 시대부터 존재해온 것은 과학이 아니라 과학철학이라는 형이상학이었다. 현대의 과학이라고 부를 만한 대상은 그 시대에 따로 없었다. 응용을 경시하는 과학은 생긴 지 200년이 조금 넘는, 인류 문명사의 관점으로 보자면 낯선 존재다. 한 철학자는 과거에 종교가 수행하던 역할을 20세기 들어 과학이 대신하고 있다고 지적했다. 과학이 종교와 같은 구실을 한다는 말은 아주 많이 틀린 말은 아니다.

예술과 기술은 모두 아트(Art)다

영어의 아트를 보통 예술로 번역한다. 예술이라는 단어는 의외로 근래의 신조어는 아니다. 5세기에 쓰인 중국의 후한서 등에 이미 나오는 단어다. 예(藝)와 술(術)이라는 글자에는 '기능, 실행방도'와 같은 의미가 있다.

예와 술에 대해 좀 더 알아보자. 예는 기원전 8세기 이전 중국 고대왕조인 주(周) 시대에 육예(六藝)라 하여 여섯 가지 기술을 중요하게 여긴 데에서 비롯되었다. 여기에는 예(禮), 악(樂), 사(射), 어(御), 서(書), 수(數)가 있었다. 예절 바른 태도, 음악 연주, 활쏘기, 말타기, 글쓰기, 셈하기가 바로 육예였다. 육예의 목적은 관리들의 건전한 인격을 기르는 데 있었다.

육예에 포함된 행위와 이들을 고른 취지를 짐작해보면 육예가 고대 그리스의 테크네와 거의 흡사하다는 사실을 깨달을 수 있다. 육예는 숙련된 활동이자 기술적인 능력이었다. 다시 말해 육예는 현대의 예술과 거리가 먼 활동이었다.

예술에 관심이 없는 사람도 "예술은 길고, 인생은 짧다."라는 말은 한 번쯤 들어봤을 것이다. 예술의 중요성과 위대함을 지칭하기 위해 자주 언급되지만, 사실 그런 의미가 아니다. 이 경구의 출처는 고대 그리스인 히포크라테스가 쓴 『아포리스미』다. 히포크라테스는 이른바 '서양의학의 아버지'라는 칭호를 갖고 있다. 『아포리스미』는 심지어 19세기까지도 의사들이 교재로 사용해왔다. 여기엔 각종 병의 증상과 진단, 그리고 이에 대한 치료약과 치료술이 담겨 있었다.

『아포리스미』의 첫 두 문장은 그리스어로 이렇게 적혀 있다. "비타 브레비스(Vita Brevis), 아르스 롱가(Ars Longa)." 이를 제대로 번역하면 "생명은 짧고, 기술은 길다."가 된다. 좀 더 풀어서 설명하자면 "한 사람의 수명은 짧은 데 반해 의료의 전문기술을 익히고 갈고 닦는 데는 긴 시간이 걸리는구나!" 하는 탄식이다. 배움을 게을리하다간 살아생전에 의술을 다 익히지 못한다는 경고였다. 히포크라테스의 경구를 읊으면서 고대 그리스 시대가 예술의 위대함을 인정했다는 주장은 터무니없다.

아트가 사용되는 단어 중에는 리버럴 아츠(Liberal Arts)가 있다. 리버럴 아츠는 일반적으로 대학교의 교양과목으로 번역한다. 원래 리버럴 아츠는 13세기 이후에 설립된 유럽의 대학에서 가르쳤던 과목을 총칭하는 말이었다. 본격적인 신학 공부를 하기에 앞서 기본적으로 배워야 하는 내용이었다.

아트의 복수인 아츠에 왜 '자유로운'을 뜻하는 리버럴이라는 말이 붙었을까? 그 이유는 고대 그리스 시대에 대한 유행이 유럽을 휩쓸었던 덕분이다. 당시 유럽의 지식인들은 고대 그리스의 자유민을 이상적인 인간상으로 간주했다. 자유민이 익혔던 분야를 그대로 따라 배우자는 의도였던 셈이다.

리버럴 아츠를 부르는 다른 이름으로 '중세 대학의 7과'가 있었다. 7과는 글자 그대로 일곱 과목이란 뜻이다. 문법, 웅변, 논리, 산수, 기하, 음악, 그리고 천문이 여기에 속했다. 이를 좀 더 구별하면, 문법, 웅변, 논리의 트리비움(Trivium)을 먼저 공부하고 이어 산수, 기하, 음악, 천문의 쾄드리비움(Quadrivium)을 공부했다.

일곱 가지 분야와 현대적 의미의 예술 사이에 존재하는 공통점을 발견하기는 어렵다. 음악은 예술 아니냐는 반문이 있을 수 있지만, 중세의 음악은 수학의 일부에 가까웠다. 다시 말해 리버럴 아츠의 아츠는 예술이라기보다는 기술이었다. 또 리버럴 아츠를 자연과학이라고 볼 수도 없다. 당시의 천문은 점성술이었다.

중세 시대엔 리버럴 아츠에 대비되는 또 다른 아츠가 있었다. 바로 미케닉 아츠(Mechanic Arts)였다. 미케닉 아츠를 구성하는 일곱 가지는 직조, 대장일, 전쟁, 항해, 농사, 사냥, 의술이었다. 이러한 행위를 예술이라고 부를 예술가는 없을 듯싶다. 미케닉 아츠는 고대 그리스 시대의 테크네와 흡사한 대상이었다. 당연한 말일 수도 있지만, 19세기에 미케닉 아츠는 현대의 엔지니어링을 가리키는 말로도 사용되었다.

아트라는 단어에 현대적 의미의 예술 개념이 깃든 최초의 시기는 18세기였다. 파인 아트(Fine Art)라는 말을 통해 오로지 심미적 목적에만 봉사한다는 개념이 새로 생겨났다. 이를 통해 순수미술의 생산자인 예술가들은 군주와 귀족의 지배에서 벗어나기를 희망했다. 이때부터 기술, 기능을 뜻하는 아트에 예술이라는 뜻이 추가되었다.

기술과 예술이 별개의 대상이라는 18세기 서구 미술가들의 주장은 사실 유례가 없는 일이었다. 다른 문화권에서는 발견되지 않는 주장이기 때문이다. 미술이라는 한자어는 원래 중국에 있던 단어였다. 도자기, 자수, 판화, 바느질 등을 지칭하는 말로 본래의 아트에 가까운 대상이었다. 일본 또한 아름다움이란 반복적인 행위를 통해 기능적으로 완벽할 때 나오는 것으로 생각했다.

한국에서 현재 사용하고 있는 예술과 기술이라는 단어는 19세기 후반 일본인 니시 아마네가 만든 말이다. 아마네의 지적 수준으로는 아트라는 단어 안에 두 가지 개념이 공존한다는 사실이 이해되지 않았던 모양이다. 아마네는 아트를 기술로 번역하면서, 원래 존재하던 예술이라는 한자어에 기존에는 없던 새로운 의미를 부여했다. 그 결과 본래의 예술이 지칭하던 의미는 사라지고 순수미술의 확장에 해당하는 예술이라는 현재의 의미가 생겨났다. 기술과 예술의 인위적인 절단이 서양에서 비롯된 게 아니라 일본에서 나왔다는 뜻이다. 이러한 분리는 아트의 총체성을 훼손하는 결과를 가져왔다. 기술과 예술이 본질상 분리되어야 했다면 서양인들도 별개의 단어를 사용했을 것이다. 하지만 그들이 보기에도 기술과 예술은 분리될 수 없는 대상이었다.

인류의 역사를 통틀어서 아트는 손과 몸을 놀려서 만들어내는 기술과 기능을 의미했다. 사람들은 아트에 의해 만들어진 사물과 대상에 감탄해왔으며, 그러한 경지에 오를 때까지 자신을 연마하고 갈고 닦은 사람에게 경외의 시선과 찬사를 보내왔다. 아트를 이룬 사람, 다시 말해 아티스트는 곧 장인이었다.

교육학자 중에는 1만 시간의 법칙을 주장하는 사람들이 있다. 어떤 분야든 전문가의 경지에 오른 사람들은 그 분야에서 최소 1만 시간의 수련 기간을 거쳤다는 주장이다. 중국 무협소설에서 단골로 나오는, 무공을 익히려면 물 길어 오기 3년, 밥 짓기 3년, 빨래하기 3년, 합쳐서 9년을 밑바닥부터 굴러 봐야 한다는 이야기와 일맥상통한다. 빛이 안 나는 낮고 천한 자리에서 스스로 도를 닦는 충분한 시간 없이 장인의 경지에 오를 수는 없다. 보기에 따라선 단군설화도 같은 메시지를 전해 준다. 중도에 포기한 호랑이는 아무것도 되지 못했지만, 100일을 끈질기게 버틴 곰은 인간이 되어 단군을 낳았다.

아트를 기술로 보느냐 혹은 예술로 보느냐에 따라 세상을 바라보는 시각이 달라진다는 것에 주목하자. 아트를 기술로 이해하면 노력하는 만큼 더 높은 경지에 도달하게 된다는 쪽이다. 아트를 예술로 이해하면 노력보다는 타고난 재능과 하늘이 내린 천재성이 중요하다는 쪽이다. 전자의 민주적인 관점과 후자의 신분적인 관점의 차이를 눈여겨볼 필요가 있다.

심미적인 목적으로 만드는 예술작품과 실용적인 목적으로 만드는 엔지니어링의 결과물은 서로 구별된다. 그렇지만 엔지니어링의 결과물에 심미적 측면이 없다고 볼 수는 없다. 엔지니어링의 결과물인 건축물이나 다리를 보고 단순히 그 기능만을 떠올리는 사람은 드물다. 하늘을 찌를 듯 높이 솟은 건축물이나 우아한 샌프란시스코의 금문교와 같은 현수교를 보면 사람들은 일종의 미적 감정에 휩싸인다.

일상생활에서 접하는 물건도 마찬가지다. 가령 컵과 접시, 가구 등은 기능적 측면과 심미적 측면이 공존하는 대상이다. 두 측면이 서로 유기적으로 결합해 있기에 이를 따로 떼서 논하려는 시도는 억지에 가깝다. 고급 승용차의 외관이 매력적인 이유는 바로 그 외관이 공기 저항을 최소로 하는 자연스러운 외관이기 때문이다. 또 애플 제품의 매끄러운 작동을 경험하다 보면 저절로 그 아름다움에 경탄하게 된다.

예술계 내에서도 기능과 기술이 배제된 순수미술은 무의미하다는 자각이 생겨나기도 했다. 19세기에 들어와 순수미술이 결국 장식적인 살롱 미술로 전락해버렸다는 개탄의 목소리가 힘을 얻었다. 아트의 본래의 의미인 테크네에 가까운 모습으로 돌아가자는 주장이었다.

이러한 주장의 대표적인 예가 바로 기능주의였다. 건축과 사물의 핵심은 기능이라는 점에 주목하고 용도와 목적에 알맞은 디자인을 해야 한다는 사상이었다. 그러한 디자인에서 얻을 수 있는 조형미가 진짜라는 선언이 뒤따랐다. "아트는 필요에 의해서만 지배된다."라고 말한 근대 건축의 아버지 오토 바그너와 "집이란 삶에서 사용되는 기계다."라는 말로 유명한 프랑스인 르코르뷔지에가 대표적인 기능주의자였다.

또한 20세기 초반엔 예술과 기술을 분리하지 말고 공업화의 방식으로 표준화된 제품과 건축을 만드는 일이 진정한 미의 구현이라는 사상도 생겨났다. 말할 필요도 없이 고대 그리스 시대 이래로 유구한 전통을 갖는

독일의 바우하우스는 예술가와 기능공은 근본적으로 차이가 없다고 선포했다.

아트와 건축의 본래 정신을 되찾자는 시도였다.

이런 움직임을 대표하는 곳이 바로 바우하우스였다. 발터 그로피우스가 1919년에 독일에 세운 바우하우스를 직역하면 건축학교가 된다. 개교 당시의 선언문에는 이들이 지향하는 가치가 잘 드러난다.

"건축가, 화가, 조각가들은 모두 베르크(Werk)로 돌아가야 한다! 전문적 예술이란 존재하지 않는다. 예술가와 기능공 사이에는 아무런 근본적인 차이가 없다."

미술계는 독일어 베르크를 보통 공예로 번역하지만, 단어 자체의 의미는 기계, 공장 등이다. 이 단어는 테크네와 아르스의 전통에 더해 산업혁명 이후 산업화한 생산의 의미까지 포괄한다. 다시 말해 엔지니어링 안에 예술과 기술이 결합해 있다는 선포였다.

바우하우스는 당대 예술계를 이끌던 사람들이 가르치고 배우던 곳이었다. 예를 들어 파울 클레와 바실리 칸딘스키, 그리고 라슬로 모호이너지

등과 같은 미술가와 루드비히 미스 반데어로에와 같은 건축가가 바우하우스에서 학생들을 가르쳤다. 그러다가 히틀러 나치 정권의 탄압으로 바우하우스는 1933년에 문을 닫았다. 그 후 그로피우스, 모호이너지, 반데어로에 등과 같은 핵심 인물들은 미국으로 건너가 큰 발자취를 남겼다.

지금까지의 이야기로 미루어 보건대, 엔지니어링은 과학보다는 예술에 가깝다. 과학은 원리를 가지고 비평을 하는 일이고 예술은 새로운 무언가를 창조하는 일이다. 엔지니어링의 핵심은 디자인하고 만드는 데 있다. 무언가를 만들고 창조하는 작업은 시간과 노력이 쌓이면 아름다움의 경지에 올라서게 된다. 그 과정은 하나의 답만 존재하는 편협한 과정이 아니다. 엔지니어링은 복수의 답을 다루기에 엔지니어링의 창조에는 필연적으로 다양한 선택이 뒤따른다. 이는 끊임없이 선택하고 전진하는 우리 인간의 삶과 꼭 닮았다. 엔지니어링은 삶 그 자체라고 말할 수 있다.

엔지니어링은 실패를 통해 더욱 단단해진다

엔지니어링은 영원불멸을 추구하지 않는다

과학은 시공을 초월하는 보편적 진리를 추구한다. 그리고 보편적 진리를 통해 영원불멸한 상태에 도달하기를 염원한다. 하지만 그러한 상태는 달성할 수 없는 헛된 꿈이나 마찬가지다. 엔지니어링은 영원불멸한 상태를 추구하지 않는다. 자신이 하는 일이 한시적이라는 사실을 인식하고 또 인정하고 있다. 엔지니어링은 자신을 신과 동급으로 끌어 올리려는 생각이나 어떠한 시도도 하지 않는다. 왜냐하면 엔지니어링은 인간의, 인간에 의한, 인간을 위한 행위기 때문이다.

인간은 결코 완벽한 존재가 아니다. 인간은 사실 오류투성이다. 인간의 불완전함은 육체와 정신, 두 가지 측면에 모두 있다. 인간의 육체가 완벽하지 않다는 사실은 농구에서 슛 자세를 연습해본 사람이면 누구나 공감할 것이다. 농구의 슛은 연습을 통해 기계와 같은 일관된 정확성을 갖춰야만 한다. 세계 최고 수준의 농구선수도 이를 항상 유지하기는 쉽지 않다. 미국 프로농구의 '판타지 스타' 스테픈 커리도 두 번 중에서 한 번만 슛을 성공한다.

이보다 더 큰 문제는 정신적인 측면에서 발생하는 비논리적, 심리적, 인지적 오류다. 인간은 불확실성을 싫어하며 확률적인 사고에 취약하다. 그리고 인간은 이득보다 손실에 더욱 민감하게 반응한다. 다시 말해 손

엔지니어링의 결과물은 언젠가는 수명이 다하기 마련이다.

해를 어떻게든 피하려는 성향이 있다. 또한 신경과학자들은 인간의 두뇌가 사물을 있는 그대로 인식하기보다는 임의로 재구성한다는 사실을 밝혀냈다.

이처럼 인간은 불완전한 존재이므로 그러한 인간이 만들어내는 엔지니어링의 결과물 또한 완벽하지 않다. 완벽하지 않다는 말은 곧 영원하지 않다는 뜻이기도 하다. 예를 들어 건물과 다리는 시간이 지나면 무너지기 마련이다. 자동차는 가다가 서기 마련이고, 비행기는 더 이상 날 수 없게 되고, 전자제품은 퇴물이 되거나 고장이 나버린다. 그렇지만 이러한 일 때문에 엔지니어링의 존재 의의가 부정되지는 않는다. 왜냐하면 엔지니어링은 영원히 계속되는 무언가를 만든다는 생각이 불가능하다는 사실을 잘 알고 있기 때문이다.

엔지니어링의 결과물은 자연계에 존재하는 물질을 통해서만 실현된다. 자연계의 물질은 시간이 지나면서 부식되고 변형되고 변화되는 과정을 겪기 마련이다. 그 과정은 피하고 싶다고 해서 피해지지 않는다. 물질은 힘이 가해지면 굽거나 부러지는 특성이 있다. 앞에서 이야기한 피로 파괴가 그 한 예다. 게다가 엔지니어링에서 사용하는 물질은 균일하거나 동등하지 않다. 감지하기 어려운 불순물 등이 포함되기 때문이다. 이로 인해 파괴의 시점을 예측하는 일을 더욱 어렵게 만든다.

엔지니어링이 사용하는 재료뿐만이 아니라 도구로써 사용하는 원리와 지식도 영원하지 않다. 이전에 사용하던 방법에 문제가 있다고 밝혀지면 기존의 지식은 수정된다. 또한 더 나은 방식이 고안되면 기존의 방식은 상대적으로 중요성이 줄어들거나, 포기될 수도 있다. 철을 생산하는 방식이 발전함에 따라 과거에 사용하던 방식을 더는 사용하지 않는 게 그 예다. 하지만 그 포기한 방식도 여전히 엔지니어링의 일부다. 사용하는 빈도가 줄어들 뿐이지 언젠가는 예전 방식에서 새로운 돌파구가 생길 수도 있다. 문제가 있다는 사실 자체도 엔지니어링에겐 소중한 지식이다. 다시 말해 엔지니어링의 지식은 과학과는 달리 단절적이지 않고 항상 증가할 뿐이다.

결국 엔지니어링은 수명을 의식하면서 대상을 다룰 수밖에 없다. 마치 사람이 영원히 살 수 없듯이, 엔지니어링의 결과물에도 한계가 있다는 것을 항상 인식한다. 조금 과장해서 말하면, 5년 동안만 사용할 물건이라면 정확히 5년 후에 고장이 나도록 디자인하는 게 안전할 수도 있다. 무턱대고 수명을 늘린 물건은 피로 파괴나 부식, 혹은 유행의 변화로 이러지도 저러지도 못하는 골칫거리가 될 수도 있기 때문이다.

인간이 만든 인공물은 유한하다. 이는 인간이 유한하기 때문이다. 엔지니어링이 영원불멸을 추구하지 않는다는 사실은 바로 엔지니어링의 건전함을 증명한다.

엔지니어링은 경험의 가치와 실패의 교훈을 소중히 여긴다

학부나 석사과정을 마친 신참 엔지니어가 처음 설계부서에 들어가서 하는 일은 단순 작업에 가깝다. 간단한 부품에 대한 도면을 그리는 일부터 시작한다는 뜻이다. 이들은 이조차도 처음에는 버거워서 쩔쩔맨다. 자신의 디자인이 문제없이 기능할지 자신이 없기 때문이다.

20년 이상의 경험을 가진 50대의 도면 실장은 과장급 엔지니어들이 그려온 도면을 그림책 보듯이 넘기며 검토한다. 그러면서 "여기하고 여기, 문제 있을 테니 다시 검토해봐." 하고 짚어준다. 짚어준 곳을 검토해보면 신기할 정도로 어떤 문제가 있곤 한다. 초보 엔지니어가 보기엔 입을 쩍 벌릴 만한 일이다.

엔지니어는 이론이나 계산보다는 경험으로 더 많이 배운다. 이론은 단기간에 취득할 수 있지만 경험은 그렇지 않다. 학교에서 배우는 이론적 지식은 박사 수준이라 하더라도 이미 책에 나와 있는 내용인 경우가 대부분이다. 결과적으로 이러한 지식을 가진 사람은 대치할 수 있다.

그러나 현장에서 20년, 30년씩 일한 엔지니어의 경험은 다른 것으로 쉽사리 대치될 수 없다. 이들의 경험과 지식은 언어를 통해 문서로 만들기 쉽지 않아서다. 이러한 지식을 가리켜 암묵지라고 칭한다. 암묵지는 형식지와 좋은 대조를 이룬다. 형식지란 언어나 기호를 통해 데이터화되는 지식을 가리킨다. 과학 이론들이 대표적인 형식지다.

지식이 그 성격상 암묵지와 형식지의 두 가지로 구별된다고 주장한 사람은 여러 분야에서 공헌한 헝가리 태생의 마이클 폴라니다. 그는 "우리는 우리가 말할 수 있는 것 이상으로 알고 있다."라고 언급했다. 형식지만을 지식으로 인정하는 게 기존 철학의 문제라는 지적이었다. 암묵지의 기반 위에 형식지가 존재한다는 말은 곧 엔지니어링에서 과학이 유래됐다는 말이기도 했다.

엔지니어가 답을 찾아가는 과정을 한마디로 요약하자면 '시행착오'다. 엔지니어링 문제에 대한 답을 한 번에 찾는 경우란 극히 드물다. 이럴 때 필요한 일은 작은 규모의 실험으로 통제된 실패를 빨리 경험하는 일이다. 그 과정은 점진적이면서도 철저하게 이루어진다. 천 번이 넘는 실험을 통해 인류 최초의 유인 동력 비행에 성공한 라이트 형제의 사례가 대표적이다. 라이트 형제가 실험 중에 계속 성공을 거듭했다고 착각해선 곤란하다. 천 번을 실패했기 때문에 최종적으로 성공하는 힘을 키울 수 있었다.

그렇다면 엔지니어가 제일 많이 배우는 때는 언제일까? 바로 그가 만든 물건이 실패했을 때다. 실패의 강도가 셀수록 더 많이 배운다.

단언컨대 시대를 막론하고 자신의 물건이 실패하도록 디자인하고 만드는 엔지니어는 없다. 그럼에도 불구하고 그러한 일은 종종 벌어진다. 이때 엔지니어의 호기심은 최고조에 달한다. 이들은 왜 그런 일이 벌어졌는지 너무나 궁금해한다.

이러한 궁금증은 대개 두 가지로 귀결된다. 한 가지는 이전까지 모르던 실제 세계의 실상을 더욱 잘 알게 되는 경우다. 다른 한 가지는 작업에 관련된 사람들이 저지른 실수를 깨닫는 경우다. 항공기가 특별한 이유 없이 추락하는 원인을 추적하다가 피로 파괴가 문제였다는 사실을 깨달은 게 전자라면, 1개 층을 불법으로 증축하고 100톤에 달하는 에어컨과 냉각탑을 옥상에 설치해서 주저앉은 백화점의 붕괴는 후자의 사례에

속한다. 이러한 비극이 되풀이되지 않도록 엔지니어들은 실패의 교훈을
마음속 깊이 간직하고 되새기곤 한다.

안전계수와 중복설계는 지혜의 징표

과학은 문화적 특성상 자신의 오류 가능성을 인정하기 어렵다. 엔지니
어링은 그렇지 않다. 자신이 완벽하지 않다는 사실을 잘 알고 있고 한계
도 스스럼없이 인정한다. 이러한 태도는 사실 엔지니어링의 지혜를 증명
한다.

엔지니어링의 세계에는 안전계수라는 개념이 존재한다. 이게 가장 두
드러지게 사용되는 분야는 재료의 강도와 파괴에 관련된 분야다. 지구
상에 존재하는 물질은 여러 종류의 힘에 휘거나 부러지지 않을 한계가
주어져 있다. 예를 들어 강철이 견디는 힘이 100이라고 할 때, 실제로 가
해질 힘이 40이라고 하자. 안전계수를 3으로 하겠다는 의미는 예상 하중
40에 안전계수 3을 곱한 120을 실제로 가해지는 힘으로 디자인상 간주
하겠다는 뜻이다. 강철이 견디는 힘 100보다 큰 120의 힘이 가해지므로
디자인상 대책을 마련해야 한다. 즉 가해질 힘을 40보다 줄이거나 혹은
120의 힘에도 견딜 수 있는 재료로 바꾸든가 해야 한다.

이처럼 안전계수를 적용하는 엔지니어링의 판단은 엄밀함을 추구하는
과학이 보기엔 글자 그대로 주먹구구식에 엉터리처럼 보일지도 모른다.
하지만 이는 엔지니어링의 한계에 기인하지 않는다. 엔지니어링의 결과물
이 처해 있는 상황의 한계 때문이다. 그 이유는 간단하다. 실제 세상의
불확실성 때문이다. 만든 물건이 나중에 겪게 될 힘을 정확하게 예측하

는 일은 사실상 불가능하다.

예를 들어 두바이에 지어진 163층짜리 빌딩 부르즈 할리파의 지상 높이는 828미터에 달한다. 이 빌딩에 가해질 힘을 예측한다고 생각해보자. 건물이 사용될 최소 수십 년의 시간 동안 건물이 겪을 바람의 크기와 방향을 예측할 수 있는 사람은 없다. 또 혹시라도 있을지 모르는 지진의 크기와 특성을 미리 정하는 일도 마찬가지다.

그렇다고 손 놓고 포기할 수는 없다. 엔지니어들은 우선 과거의 경험을 바탕으로 발생 가능성이 큰 힘의 특성을 추린다. 여기에 더해 미래의 여러 불확실성을 고려해서 안전계수를 정한다. 혹시 있을지 모르는 극한 상황에서도 빌딩이 견딜 수 있도록 디자인하는 셈이다. 다시 말해 이러한 안전계수의 사용은 엔지니어링의 무지의 소산이 아니다. 오히려 신중함의 표시에 가깝다.

물론 이마저도 때에 따라선 완벽하지 않을 수도 있다. 적용한 안전계수가 미래의 불확실성을 담기엔 충분하지 않은 경우다. 엔지니어링은 그러한 가능성도 섣불리 무시하지 않는다. 그래서 이른바 중복 디자인 기법을 동원한다.

중복 디자인이란 동일한 기능을 갖는 부품이나 시스템을 여러 개 동시에 채용하는 디자인을 말한다. 중복 디자인은 전력망, 통신, 제어 등 광범위한 엔지니어링 분야에서 사용된다.

항공기를 예로써 설명하자. 조종사들은 100의 출력을 가진 엔진 하나짜리 비행기보다는 50의 출력을 가진 엔진 두 개가 달린 쌍발 비행기를 선호한다. 이유는 생존 가능성 때문이다. 전자의 비행기에 엔진 문제가 생기면 추락을 피할 수 없다. 후자의 비행기라면 남아 있는 한 개의 엔진

쌍발 비행기는 중복 디자인이 적용된 결과물이다.

을 이용해서 비상착륙이라도 시도해볼 여지가 있다. 이처럼 중복 디자인은 개별 부품이 디자인 수명을 다하기 전이라도 고장 날 가능성을 인정한다. 그러한 최악의 상황에서도 전체의 기능이 유지될 수 있도록 대비하려 한다.

중복 디자인과 관련된 역사적으로 유명한 실제 사례를 들어보자. 아폴로 13호는 우주비행사의 달 착륙을 목표로 발사된 세 번째 아폴로 우주선이었다. 아폴로 13호가 지구를 떠나 달을 향해 약 32만 킬로미터를 항해했을 때였다. 갑자기 기계선에 있는 두 개의 산소탱크 중 한 개가 폭발해버렸다. 혹시라도 이런 일이 있을까 봐 산소탱크를 하나로 하지 않고 두 개로 했던 터였다. 아폴로의 중복 디자인이 빛을 발하는 장면이었다.

그런데 문제가 그걸로 그치지 않았다. 엎친 데 덮친 격으로 산소탱크가 폭발할 때 나머지 산소탱크도 손상을 입었다. 기계선의 산소가 다 소모되면 다음에는 사령선에 있는 산소를 써야 했다. 하지만 사령선의 산소는 기계선과 분리한 후에 지구 대기권으로 재돌입할 때 쓸 산소였다. 이걸 미리 썼다가는 우주비행사 3명의 생환이 불투명해질 일이었다.

불행 중 다행은 이러한 폭발이 달 착륙 이전에 발생했다는 점이었다. 왜냐하면 달착륙선에는 45시간 정도의 산소를 공급할 수 있는 별도의 산소탱크가 있었다. 달 착륙은 당연히 포기되었고 이제 우주비행사의 무사 귀환이 목표가 되었다. 우주비행사들은 달착륙선의 산소를 이용해 생명을 유지하였고, 우여곡절 끝에 모두 무사히 지구로 생환하는 데 성공했다.

사실 알고 보면 우주선을 한 개의 모듈이 아니라 기계선, 사령선, 달착륙선의 세 개의 모듈로 구성한 점도 중복 디자인의 결과였다. 아폴로 개발 초기엔 우주선을 하나의 모듈로 디자인하는 방안을 심각하게 고려했다. 만약 그대로 개발되었다면 아폴로 13호의 우주비행사들은 우주의 미아로 최후를 맞이했을 것이다.

앞의 사례처럼 엔지니어링은 미래를 섣부르게 예측하려고 들지 않는다. 그보다는 어떠한 미래가 발생하더라도 견딜 수 있도록 신중한 대비를 하고자 한다. 그렇기에 엔지니어링은 오랜 생명력을 유지할 수 있다.

한마디로 엔지니어링은 산전, 수전, 공중전을 모두 겪은 백전의 노장과 같다. 백전노장이란 말을 풀어 보면 '백 번의 전투를 치른 나이 많은 장수'라는 뜻이다. 곱씹어보면 그 울림이 작지 않다. 백 번의 전투를 치렀다는 말은 그 백 번의 전투 동안 비기거나 최소한 죽임을 당하지 않았다는 뜻이다. 열 번 정도 연달아 이겨 기고만장하다가 한 방에 훅 가는 장수보다 당연히 더 낫다. 그에게는 여전히 기약할 미래가 있다.

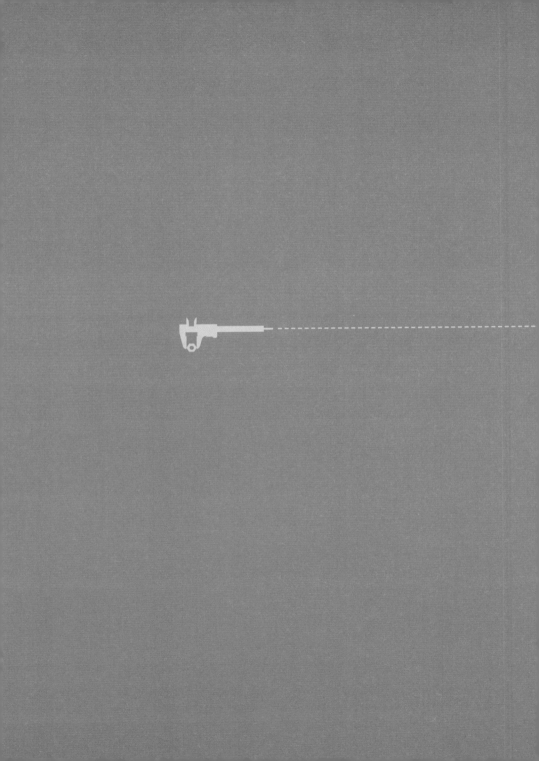

4장

사실은 그들도
엔지니어였다

위대한 과학자 혹은 뛰어난 사업가로 알려졌지만, 사실은 엔지니어였던 사람은 한두 명이 아니다. 프롤로그에 나왔던 테오도르 폰 카르만도 그런 사람이었다. 이번 장에서는 그러한 유명인 중에서 자기 자신을 엔지니어로 여겼던 사람들과 사실상 최고의 엔지니어였던 사람들을 알아보도록 하자.

▮ 스스로 엔지니어라고 생각한 과학자들

▮ 아인슈타인은 과학이 발견이라고 생각하지 않았다

알베르트 아인슈타인은 설명이 따로 필요 없을 정도로 유명한 과학자다. 이는 과학자들 사이에서도 마찬가지다. 앞에서 언급했듯이 영국 왕립학회 회원들은 아이작 뉴턴과 비견할 만한 과학자로 아인슈타인을 꼽았다.

아인슈타인의 이력과 업적을 간략히 살펴보자. 1879년, 독일 울름에서 태어난 아인슈타인의 유소년기는 전혀 눈에 띄지 않았다. 오히려 학교 교육을 따라가지 못한 부적응자에 가까웠다.

미운 오리 새끼가 백조가 되듯이 20대 중반의 아인슈타인은 1905년에 놀라운 논문을 연달아 네 편이나 발표했다. 그 논문들은 각각 전혀 다른 주제를 다뤘다. 광전효과, 브라운 운동, 특수상대성, 그리고 질량─에너지 등가가 주제였다. 아인슈타인의 논문은 각 분야에서 새로운 이정표가 되었다. 과학자들은 1905년을 가리켜 '기적의 해'라고 부른다. 아인슈타인이 이런 놀라운 논문을 한 해에 네 편이나 쓸 수 있는지 도저히 이해할 수 없었기 때문이다.

전 세계적 유명인사가 된 아인슈타인은 1914년 독일 베를린 대학교에 세워진 황제 빌헬름 물리학연구소의 교수 겸 연구소장이 되었다. 황제 빌헬름 물리학연구소는 당시 독일의 황제였던 빌헬름 2세가 개인재산을 들여 만든 독일 최고의 연구소였다.

아인슈타인의 업적은 거기서 끝나지 않았다. 제1차 세계대전이 한창이던 1916년 일반 상대성이론을 발표해 세상을 다시 한번 놀라게 했다. 아인슈타인은 1921년에 노벨 물리학상을 받았다. 그전부터 아인슈타인이 노벨상을 받으리란 사실을 의심하는 사람은 아무도 없었다. 다만 워낙 업적이 많아서 어떤 것으로 노벨상을 받을지가 궁금거리였다. 그는 광전효과에 관해 설명한 광양자 가설로 노벨상을 받게 되었다. 아인슈타인은 히틀러가 독일의 권력을 장악하자 1933년에 미국으로 떠났다. 나치의 유대인 탄압을 피하기 위해서였다.

이후 아인슈타인은 미국 프린스턴 대학 고등연구소의 교수로 근무하다 1955년에 세상을 떠났다. 고등연구소를 거쳐 간 사람 중에는 불완전성 원리를 증명한 쿠르트 괴델, 게임이론을 정립한 존 폰 노이만, 리만기하학과 군론 등에 공헌한 헤르만 바일 등이 있었다. 아인슈타인은 20세기를 통틀어서 가장 존경받는 과학자 중의 과학자다.

그러한 아인슈타인이 과학의 본질이 원리와 이론의 발견이라는 말에 반대했다는 사실은 무척 놀랍다. 그는 과학자면서 철학자였던 오스트리아의 에른스트 마하와 의견을 달리했다. 마하는 소리의 속도를 기준으로 속력을 표현하는 마하수를 만든 사람으로 이론은 발견하는 것이라고 주장했다.

아인슈타인은 마하를 대놓고 비판했다. 그가 보기에 이론은 발견이 아닌 발명의 대상이었다. 다시 말해 만들어야 하는 것이었다. 아인슈타인에게 발명은 단지 물건뿐 아니라 개념에도 적용되는 행위였다. 그는 기술과 과학을 구분하는 명확한 선을 긋는 일은 불가능하다고 믿었다. 상징적으로 말해서 순수과학은 '이론을 만드는 엔지니어링'이라고 불러도 이상하지 않은 분야라는 생각이었다.

아인슈타인은 사실 발명과 특허에 남다른 관심을 가진 사람이었다. 공장을 운영했던 그의 아버지와 삼촌은 전구를 비롯한 여러 전기장치에 대한 특허를 보유한 엔지니어였다. 당연히 아인슈타인은 어려서부터 엔지니어링 방식에 친숙했다. 1896년, 취리히 연방공과대학(ETH)에 입학한 아인슈타인은 졸업할 때 성적이 좋지 않아서 대학원 진학에 2년 연속으로 실패했다.

그를 받아주는 대학원 교수가 아무도 없었기에 아인슈타인은 어쩔 수 없이 1902년 스위스 특허청에 취직했다. 아인슈타인의 첫 번째 직업은 바로 특허심사관이었다. 특허심사관이라는 직업은 과학계가 보기에 전도유망한 젊은 과학자가 걸어갈 길은 결코 아니었다.

나중에 아인슈타인이 특허심사관이었던 자신의 과거를 부끄러워하거나 숨기려 했다고 생각하기 쉽다. 실상은 그와 정반대였다. 아인슈타인이 남긴 말을 들어보자.

"나 같은 종류의 사람에게 특허심사관 같은 실용적인 직업은 구원이었다. 학계는 논문을 찍어내라고 젊은이를 압박하기에 예외적으로 심지가 굳은 사람만이 연구를 피상적으로 하라는 유혹에 저항할 수 있기 때문이다."

앞에서 이야기했듯이 아인슈타인이 네 편의 논문을 발표한 '기적의 해'인 1905년은 바로 그가 특허청에서 일하던 때였다. 아인슈타인의 가장 빛나는 과학적 업적은 그가 엔지니어링의 결과물을 다루던 시기에 생겨났다.

유명인이 된 아인슈타인은 1909년 특허청을 그만뒀다. 하지만 아인슈타인의 특허 사랑은 거기서 그치지 않았다. 특허청을 그만둔 뒤에도 특허 시스템과 특허 출원에 대한 깊은 관심을 계속 유지했다. 아인슈타인은 개인 발명가와 기업을 상대로 특허 출원을 자문하는 유료 컨설팅을 지속했다. 변리사 역할이었던 그 일은 그가 '만든' 물리 이론과는 무관했다. 또 그는 무전기에 대한 특허 심판의 전문가 증인으로 나서기도 했다.

아인슈타인은 자신이 발명한 기계장치로 특허권을 획득하기도 했다. 그는 냉장고, 펌프, 카메라 등에 대한 특허권 십여 개를 스위스, 독일, 프랑스, 영국, 헝가리, 미국 등에 걸쳐 보유했다. 혹시라도 착각할지 몰라 부연하자면, 아인슈타인의 발명과 특허는 대학생 때나 특허청에서 일할 때 얻은 게 아니고 노벨 물리학상을 받은 후에 얻은 결과물이었다. 그는 물리학자로서 누릴 수 있는 최고의 영예를 누리고 난 후에도 논문이나 쓰고 강연이나 다니면서 시간을 보내지 않았다.

발명에 대한 아인슈타인의 욕구가 얼마나 크고 진지했는지를 가장 잘 아는 사람은 바로 그의 제자였던 레오 실라르드였다. 1898년, 오스트리아-헝가리 제국에서 태어난 실라르드는 앞에서 언급했던 맨해튼 프로젝트의 숨은 기여자였다. 아인슈타인은 독일을 탈출한 실라르드로부터 나치의 원자폭탄 개발 시도를 들었고, 미국 대통령 루스벨트에게 편지를 쓰면서 맨해튼 프로젝트가 시작되었다.

레오 실라르드

토목 엔지니어였던 아버지의 영향을 받은 실라르드는 1916년 왕립 요제프 기술대학에 입학해 엔지니어링 공부를 시작했다. 1920년, 베를린 대학 물리학과 대학원에 입학한 실라르드는 아인슈타인의 지도 학생이 되었고 1922년에 박사학위를 받았다. 즉 아인슈타인은 실라르드에게 박사학위를 준 장본인이었다. 학계에서 박사 지도교수와 학생의 관계는 부모와 자식 간의 관계에 비유할 정도로 끈끈하다.

아인슈타인은 실라르드가 졸업하던 때에 특허청에서 일해보면 어떻겠냐고 진지하게 권유했다. 그는 실라르드에게 "특허청에서 일하던 때가 나에겐 인생의 최고 시기였다."라고 털어놓았다. 실라르드는 지도교수의 권유를 받아들이진 않았다. 하지만 이익 분배 조건을 명확히 한 계약하에 아인슈타인과 공동으로 특허를 여러 건 출원하기도 했다. 그중 하나인 유독가스 누출과 소음 문제를 해결한 냉장고 디자인은 1930년 미국 특허권을 받았다.

노벨상을 받았다는 사실과 이름을 숨긴 채로 사람들에게 아인슈타인의 삶을 이야기해주면, 그 익명의 사람이 엔지니어라고 대부분 생각할 듯싶다. 진정으로 뛰어난 과학자한테 엔지니어의 모습이 보이는 것은 사실 놀랄 일이 아니다. 과학자라는 호칭에 집착하는 과학자는 평범한 과학자기 쉽다. 반면에 평범한 과학자들이 숭배하는 최고 수준의 과학자는 자신을 엔지니어로 생각할 가능성이 작지 않다.

마르코니는 세상의 이론보다 자신의 기계를 믿었다

1874년, 이탈리아 볼로냐에서 태어난 굴리엘모 마르코니는 1909년에 노벨 물리학상을 받았다. 당시 나이가 서른여덟 살로 지금의 기준으로 보면 믿기지 않을 정도로 젊은 나이였다. 원래 노벨상은 젊었을 때의 업적으로 죽을 때가 다 되서 받는다는 속설이 있다. 물론 20세기 초반에 노벨상을 수상하는 기준이 지금과는 달랐다. 그렇더라도 마르코니는 예외적으로 빠른 축에 속했다. 마르코니보다 5년 후에 태어난 아인슈타인이 마르코니보다 12년 뒤에 노벨상을 받았다는 것을 고려하면 더욱 그렇다.

마르코니는 전선을 통하지 않고 신호를 보내는 일이 가능하다고 믿었다. 다시 말해 그는 무선통신을 꿈꿨다. 무선통신이 가능해지면 사람들 간의 소통이 확장되고 편리함이 이루 말할 수 없을 정도로 커진다고 생각했다. 물론 언제나 그렇듯이 당대의 저명한 물리학자들은 말도 안 되는 일이라고 엄숙히 선언했다. 그런데도 마르코니는 무선통신이 불가능하다는 과학 이론보다 자신의 테크놀로지 개발이 더 근본적이라는 생각을 굽히지 않았다.

그는 1894년부터 집 한구석에서 조그만 규모의 무선통신기 개발을 시작했다. 마치 20세기 후반의 성공한 창업가 엔지니어들이 거의 예외 없

굴리엘모 마르코니와 그의 무선통신기

이 자기 집 차고에서 작업을 시작한 것과 비슷했다. 시제품의 성능을 조금씩 개선해 나간 마르코니는 급기야 1895년 12월 2.4킬로미터 거리의 무선통신을 성공시켰다. 중간에 시야를 가로막는 야산이 있었지만, 마르코니가 내보낸 전자기파는 문제없이 상대편에게 도달했다.

그러나 이 이상의 개발은 무리였다. 스무 살을 갓 넘은 청년이 재정적으로 감당할 수 있는 수준이 아니었다. 마르코니는 이탈리아 우편통신부 장관에게 편지를 썼다. 자신의 무선통신기를 설명하고 자금 지원을 요청하는 내용이었다.

안타깝게도 장관은 마르코니의 편지를 깨끗이 무시했다. 낯선 청년에게서 황당무계하게 들리는 편지를 받고도 미친 소리로 간주하지 않으면 그게 더 이상한 일이었다. 사실 마르코니의 집안은 이탈리아의 부유한 명문가에 속했기 때문에 쉽게 무시당할 사람은 아니었다. 그럼에도 불구하고 장관은 이론상 불가능하다는 과학계의 조언을 따랐다.

아무런 답장을 받지 못했지만 마르코니는 포기하지 않았다. 그는 가족 간에 왕래가 있던 이탈리아 주재 미국 영사에게 조언을 구했다. 미국 영사는 영국 주재 이탈리아 대사에게 편지를 썼다. 이탈리아 대사는 마르코니에게 무선통신기 이야기를 주변에 알리지 말고 즉시 영국으로 건너오라고 권했다. 이탈리아 대사의 판단에 자신과 마르코니의 조국은 무선통신기의 진가를 알아보기엔 역량이 모자랐다. 세계의 바다를 제패하던 당대 최강국 영국이라면 당장 팔을 걷어붙일 만한 물건이었다.

마르코니는 1896년에 어머니와 함께 영국으로 건너갔다. 이탈리아 대사는 영국 우편통신부의 전기 엔지니어 윌리엄 프리스를 소개해줬다. 프리스는 무선통신이라는 아이디어에 지대한 관심을 보였다. 하지만 실제로 작동한다는 결과를 보기 전에 돈을 지원할 수는 없었다. 마르코니는 작동 시범을 자청했다.

영국 솔즈베리 평원에서 수행한 시범에서 마르코니는 6.4킬로미터 거리의 무선통신을 성공시켰다. 무선통신이라는 테크놀로지가 가능하다는 것은 이제 의심의 여지가 없어 보였다. 남은 과제는 보다 장거리 통신이 가능할까였다. 특히 영국이 관심을 보이는 것은 바다에서의 무선통신이 었다.

19세기 말에는 이미 육지에서 유선통신이 잘 확립되어 있었다. 약속된 부호 체계를 통해 메시지를 주고받는 전신과 직접 말로 통화하는 유선전화가 벌써 사용 중이었다. 바다를 건너는 전신망도 구축되어 있었다. 이점바드 킹덤 브루넬이 건조한 거대 증기선 그레이트 이스턴호는 1866년 영국과 미국을 잇는 해저 케이블 설치에 성공했다. 대서양을 횡단하는 유선통신이 이로써 가능해졌다.

문제는 바다 한가운데서의 통신이었다. 배와 배 사이에 통신을 주고받기 위해 전선을 끌고 다닐 수는 없는 노릇이었다. 기존에 사용하던 방법은 깃발 신호였다. 이는 비효율적이고 제약도 컸다. 날씨가 좋아도 거리가 조금만 멀어지면 보이지 않았고 악천후나 밤에는 아예 사용할 수 없었다. 해군 함대의 전력에 크게 의존하던 영국은 함선 간 명령 전달을 무선통신으로 할 수 있기를 기대했다.

마르코니의 다음 시범은 바다를 두고 벌어졌다. 14.5킬로미터의 브리스틀해협을 건너는 무선통신 역시 성공이었다. 바다를 건너는 무선통신이 가능하다면 바다 위에서 무선통신이 가능하지 않을 이유가 없었다. 영국 정부는 마르코니에게 특허권을 부여하며 회사를 차리라고 종용했다. 상용 제품이 나온다면 첫 번째 구매자는 영국 해군이 될 터였다.

하지만 마르코니는 여전히 자신이 만든 무선통신기의 가치를 조국인 이탈리아가 알아주길 바랐다. 1897년, 그는 이탈리아 해군을 상대로도 시범을 보였다. 이탈리아 본토에서 19킬로미터 떨어진 이탈리아 군함까지 무선통신을 성공적으로 보냈다. 깜짝 놀란 이탈리아 정부는 라스페치아에 무선전신청을 설립했다. 그러나 관심과 지원의 강도가 영국에 비해 약했다.

결국 마르코니는 자신의 사촌인 영국인 엔지니어 헨리 제임슨 데이비스와 함께 무선통신 신호회사를 설립했다. 마르코니의 테크놀로지에 데이비스의 자본이 결합한 형태였다. 마르코니는 1901년 대서양을 횡단하는 무선통신을 성공시키면서 세계적인 유명인사로 거듭났다. 해저전신망 업계가 무선통신의 신뢰성이 낮다며 방해 공작을 대대적으로 펼쳤지만 소용없었다. 이후 그는 '무선통신의 아버지'라는 칭호를 얻었다.

무선통신에 대한 특허권의 관점에서 마르코니를 앞섰다고 간혹 언급되는 사람이 한 명 있다. 바로 다음 절에 나오는 니콜라 테슬라다. 테슬라의 특허는 1897년에 부여되었기에 마르코니의 특허보다 7년 먼저라는 식이다.

이는 반은 맞고 반은 틀렸다. 마르코니보다 테슬라의 특허가 7년 빠르다는 주장은 미국을 기준으로 할 때만 성립한다. 특허는 속지주의라 하여 나라마다 권리가 따로 있다. 즉 한국에서 특허를 얻었다고 해서 미국에서 저절로 특허가 생기지 않는다. 미국 특허청은 테슬라에게 무선라디오에 대한 특허권을 1897년에, 마르코니에게 무선통신기에 대한 특허권을 1904년에 부여했다. 무선라디오와 무선통신기는 말만 다를 뿐 사실상 하나라고 봐도 무방하다.

전 세계로 시야를 넓히면 이야기가 달라진다. 마르코니는 1896년 6월 영국 특허청에 출원했고 1897년 7월에 특허권을 받았다. 영국 특허권을 기준으로 한다면 마르코니가 빨랐을 수도 있다는 뜻이다. 사실 마르코니는 미국 특허청에도 1896년 12월에 출원해 1897년 7월에 특허권을 받았지만, 이는 기기가 아닌 방법 자체였다. 1904년에야 마르코니는 미국에서 기기에 대한 특허권을 얻었다.

그렇다고 테슬라가 마르코니보다 늦었다는 뜻은 아니다. 테슬라가 무선 라디오에 대한 미국 특허를 출원한 시기는 1893년이었다. 이처럼 최초를 가리는 일은 언제나 까다롭다. 그러나 한 가지 사실만큼은 분명하다. 무선통신의 상용화를 이룬 사람은 테슬라가 아닌 마르코니였다는 점이다.

마르코니가 1909년에 받은 노벨 물리학상에 대해 좀 더 설명하면서 이 절을 마치자. 마르코니는 독일인 칼 페르디난트 브라운과 함께 공동으로 통산 아홉 번째 노벨 물리학상을 받았다. 요즘 기준으로 보면 마르코니가 이 상을 받았다는 사실이 상당히 경이롭게 느껴진다. 왜냐하면 그는 아무런 이론도 세우지 않았고 어떠한 것도 발견한 적이 없었기 때문이다. 다시 말해 그는 순수한 의미의 물리학자가 결코 아니었다. 새로운 무언가를 만드는 일을 과학으로 간주할 과학자는 극히 드물다.

이로부터 한 가지 사실을 깨달을 수 있다. 초창기의 노벨상은 이론이 전부가 아니었다는 점이다. 당시의 노벨상위원회는 마르코니의 발명이 갖는 중요성을 무시할 수 없었다. 그렇지만 과학자들로만 구성된 위원회는 마르코니에게만 상을 주고 싶지는 않았다. 그들의 세계관으로는 모든 건 이론에서 유래되어야 마땅했다. 그게 브라운이 마르코니와 함께 수상자가 된 결정적인 이유다.

그러나 사실 브라운의 공동수상은 뜬금없다. 마르코니가 무선통신기를 만들어 실험에 성공한 때가 1895년이지만, 브라운이 무선통신에 관한 연구에 뛰어든 해가 1898년이기 때문이다. 즉 브라운은 마르코니의 실험 성공 소식을 들은 이후에 이론적인 설명에 나섰다. 노벨상위원회는 등대와 부표에서 사용되는 자동 밸브를 발명한 공로로 스웨덴의 닐스 구스타프 달렌에게 1912년 노벨 물리학상을 수여한 것을 마지막으로 엔지니어링 업적에 노벨상 주기를 100년 넘게 중지했다. 그러다 최근에 들어와서야 푸른 빛을 내는 엘이디(LED)를 개발한 공로로 나카무라 슈지를 비롯한 세 명에게 2014년에 노벨상을 수여했다.

누구나 당연하게 여기고 있는 젊을 때 노벨상을 받을 수 없다는 사실은 무엇을 의미할까? 과학계가 전체적으로 대단한 업적을 거두고 있기에 순서가 오려면 죽을 때가 가까워야 한다고 과학계는 설명한다. 그보다 더 자연스러운 설명은 눈에 확 띄는 업적을 거두는 과학자가 예전에 비해 없다는 쪽이다. 고만고만한 성과에 대해 상을 주다 보니 나이 순서대로 돌아가며 받는다는 뜻이다. 단독 수상은 이제 너무나 드물고, 공동수상자의 수도 갈수록 늘어가는 추세다.

자속밀도의 단위를 나타내는 테슬라는 노벨상을 거절했다

자기장의 세기를 나타내는 물리량은 자속밀도다. 자속밀도의 기본 단위는 테슬라다. 1테슬라는 1만 가우스와 크기가 같다. 여기서 가우스는 19세기 수학계의 거목 카를 프리드리히 가우스의 성에서 따왔다. 가우스

니콜라 테슬라

는 고대 이래의 모든 수학자를 통틀어 그 업적의 위대함으로 몇 손가락 안에 드는 사람이다. 그런 가우스가 1만 단위나 모여야 하는 물리량의 이름을 아무 이름에서나 따왔을 리는 만무하다. 반쯤 농담으로 말하자면 테슬라는 가우스의 1만 배만큼 대단하다.

테슬라는 1856년 당시 오스트리아–헝가리 제국의 일부였던 세르비아에서 태어났다. 테슬라의 아버지와 할아버지는 둘 다 세르비아 정교회의 성직자였다. 반면에 어머니는 기계장치와 도구를 만드는 재주와 서사시를 외우는 재능이 남달랐다. 테슬라는 어린 시절부터 어머니에게 큰 영향을 받았다.

테슬라는 1875년 오스트리아 그라즈에 있는 오스트리아 폴리테크닉에 장학금을 받고 입학했다. 대학 1학년 때는 너무나 공부에 몰두하여 담당 교수가 부모에게 경고의 편지를 보내기도 했다. 이대로 가다간 과로로 숨질 수 있으니 자제시키라는 내용이었다.

테슬라는 2학년 때 발전기 과목을 가르치던 교수에게 미운털이 박혀서 장학금을 잃고 한동안 도박에 빠져 지냈다. 그가 도박에 손을 댄 이유는 교수가 불가능하다고 했던 전기기계를 개발할 돈을 마련하기 위해서였다. 그는 몇 년이 지나 도박을 그만두었지만, 대학도 결국 그만두었다. 고졸의 테슬라는 전신회사의 엔지니어로 일을 시작했다.

대다수 사람은 토머스 에디슨과 얽힌 일화를 통해 테슬라에 관한 이야기를 접했을 것이다. 자국에서 유능함을 인정받았던 테슬라는 1882년 프랑스에 있던 에디슨의 유럽 자회사에서 일하게 되었다. 그가 맡은 일은 전기장치를 디자인하고 개량하는 일이었다. 테슬라의 남다른 실력은 곧 자회사 대표의 눈에 띄었다. 1884년, 미국으로 돌아가게 된 자회사 대표는 오른팔과도 같았던 테슬라를 뉴욕 본사로 데려왔다.

토머스 에디슨

1885년, 에디슨은 '놀라운 젊은이'로 소문난 테슬라에게 일을 하나 맡겼다. 자신이 발명한 직류 발전기와 모터의 여러 문제를 해결하는 일이었다. 성공하면 5만 달러를 보너스로 주겠다는 말까지 덧붙였다. 테슬라는 에디슨의 말을 곧이곧대로 받아들이곤 보란 듯이 성공했다. 그러나 에디슨은 돈을 줄 생각이 없었다. 테슬라가 따지자 "너는 미국식 농담을 모르는구나." 하며 발뺌했다. 테슬라는 그 길로 에디슨의 회사 제너럴 일렉트릭을 때려치웠다. 두 사람의 악연은 이렇게 시작되었다.

에디슨에게 본때를 보여주겠다고 결심한 테슬라는 에디슨의 직류 시스템을 대치할 수 있는 새로운 교류 시스템을 고안해냈다. 단지 가설이나 아이디어 수준에서 그치지 않는 실제로 작동하는 시스템이었다. 1887년, 테슬라는 주위의 도움을 얻어 자신의 이름을 딴 테슬라 전기회사를 설립했다. 테슬라의 교류 시스템 특허는 1889년에 웨스팅하우스가 사용권을 획득했다. 저 유명한 에디슨의 제너럴 일렉트릭과 테슬라-웨스팅하우스 사이의 이른바 '전류 전쟁'이 이로써 시작되었다.

이미 전기 시장을 장악하고 있었고 발명가로서 사회적 명성도 높았던 에디슨은 모든 수단을 동원하여 테슬라의 교류 시스템을 공격했다. 테슬라의 특허에 대한 에디슨의 수많은 소송은 신사적이지 않았다. 에디슨은 교류가 직류보다 위험하다는 생각을 퍼트리기 위해 교류 전기로 동물을 살해하는 공개 실험을 후원하기도 했다. 그걸로도 충분하지 않았던지 최고 전압을 800볼트로 제한하는 법안이 통과되도록 로비를 펼쳤다. 이 법안이 통과되면 훨씬 고압을 다루는 교류는 자동으로 사망이었다.

에디슨의 온갖 방해 공작에도 불구하고 테슬라가 만든 교류 시스템의 장점은 조금씩 사람들에게 받아들여졌다. 1893년, 미국 시카고에서 열린 세계 엑스포는 테슬라의 승리를 결정지었다. 나이아가라 폭포에서 끌어온 교류 전기는 엑스포 전시장을 환하게 밝혔다. 이후 표준이 된 교류 시스템은 전 세계에서 사용되고 있다.

하지만 에디슨과의 악연은 전류 전쟁으로 끝이 아니었다. 1915년 11월 6일, 《뉴욕타임스》는 테슬라가 에디슨과 함께 그 해 노벨 물리학상을 받게 되었다고 보도했다. 《뉴욕타임스》 외에도 《타임》을 비롯한 몇 개 주요 언론사가 같은 기사를 실었다. 흥미롭게도 인터뷰에서 테슬라는 자신은 아무런 연락을 받지 못했다고 밝혔다. 급기야 11월 14일 노벨상위원회는 테슬라와 에디슨이 아닌 영국인 윌리엄 헨리 브래그와 윌리엄 로렌스 브래그를 수상자로 발표했다.

《뉴욕타임스》와 《타임》 정도 되는 언론사가 단지 추측만으로 수상자 관련 기사를 내보내지는 않는다. 그런데도 이들은 아무런 해명도 내놓지 않았다. 다른 언론사들은 무슨 일이 벌어진 거냐며 노벨상위원회에 문의했다. 하지만 노벨상위원회는 답변을 거부했다.

테슬라와 개인적으로 가까웠던 전기작가의 설명에 의하면 이 소동은 테슬라가 수상을 거부해서 벌어진 일이었다. 노벨상이 싫었던 건 아니고 에디슨과 공동수상이라는 점이 자존심을 상하게 했다는 거였다. 또 다른 전기작가의 설명은 사뭇 다르다. 테슬라가 아닌 에디슨이 거부했다는 해설이다. 개발하고 싶은 게 너무 많아 늘 자금에 쪼들렸던 테슬라에게 거액의 상금을 주는 일을 막기 위해서라고 한다. 어쩌면 두 설명 모두 사실일지도 모른다.

노벨재단에서는 누군가가 수상을 거부하는 바람에 수상이 취소되었다는 소문은 낭설이라는 입장을 밝혔다. 그렇지만 테슬라와 에디슨이 먼저 수상자로 고려되었다는 사실을 부인하지는 않았다. 한 가지 가능성이 더 있다. 테슬라와 에디슨으로 결정되어 기사가 나간 후 물리학계가 집단으로 반발했을 가능성이다. 물리학자들이 보기에 테슬라와 에디슨은 엔지니어 아니면 사업가였지 과학자는 절대 아니었다.

테슬라는 교류 시스템 외에도 많은 업적을 남겼다. 특히 콜로라도 주 스프링스에서 수행했던 작업이 인상적이다. 대표적으로 전 세계를 연결하는 새로운 방식의 통신 시스템과 무선으로 먼 거리에 에너지를 보내는 방식을 고안하고 실험했다. 이외에도 1898년에는 무선조종 배를 만들어 뉴욕의 대중들 앞에서 시연하기도 했다. 이는 요즘 폭넓게 활용되는 드론 같은 무인 이동체의 원조라고 할 만하다. 300여 개에 달하는 테슬라의 특허 중에서 1928년의 마지막 특허는 수직으로 이착륙하는 비행기가 대상이었다.

테슬라는 죽을 때까지 자신의 여러 꿈을 실현하고자 애썼다. 그의 마지막 꿈을 세 가지로 요약하자면 전 세계 모든 사람을 위해 에너지를 값싸게 무제한으로 공급하는 일, 꺼지지 않는 빛을 만드는 일, 그리고 전 우주의 생명체와 소통하는 일이었다.

사실상 최고의
엔지니어였던 인물들

왕 이상의 명성에 죽은 후 신으로 숭배된 임호텝

 고대에 왕은 무제한의 권력을 누렸다. 왕은 자신을 신적인 존재로 포장했다. 모든 치적은 다 왕의 행위로 선전되었다. 잘못된 일은 다른 사람의 탓으로 돌렸다. 왕은 자신의 경쟁자가 될 만한 사람들을 가차 없이 제거했다. 왕으로서 가장 못 참을 일은 자기보다 잘난 사람의 등장이었다.

 왕의 권력이 특히 절대적이었던 고대 이집트에서 놀랍게도 왕인 파라오 이상의 명성을 누린 사람이 있었다. 기원전 2650년에 이집트 멤피스 교외의 앙크토위에서 태어난 임호텝이 그 인물이다. 임호텝은 '평화적으로 오는 사람'이라는 뜻이었다. 후대에 남겨진 고대 이집트의 공식 기록에 의하면 임호텝은 '파라오의 고문이자 위대한 재상'이었다.

 이러한 임호텝의 아버지에 관해서 두 가지 설이 있다. 하나는 건축가였던 카노페르다. 다른 하나는 임호텝이 신 프타의 아들이라고 설명한다. 프타는 멤피스의 창조주로서 여신 세크메트의 남편이자 남신 네페르툼의 아버지였다. 사자 머리를 한 세크메트는 파괴와 재생을 관장했고 연꽃으로 상징되는 네페르툼은 농작물을 관장했다. 프타와 세크메트, 그리고 네페르툼을 합쳐 멤피스의 삼신이라 불렀다. 보기에 따라서는 임호텝이 바로 네페르툼이라고 해석할 수 있다.

 기록에 의하면 임호텝이 맡은 일은 한둘이 아니었다. 우선 그는 카이로 북동쪽에 있는 헬리오폴리스의 대제사장이었다. 헬리오폴리스는 '태양의 도시'라는 뜻으로 이집트의 태양신 라 혹은 레를 섬기는 신전이 있었다. 돌로 만든 뾰족한 기둥인 오벨리스크는 바로 라를 상징하는 건축물이다. 미국 수도 워싱턴 디시에 있는 워싱턴 기념탑이 전형적인 오벨리스크의 한 예다.

임호텝의 조각상

임호텝은 재판과 재무의 책임자기도 했다. 그는 '상 이집트의 대신'이자 '하 이집트의 회계 총책임자'였다. 임호텝은 농사와 인사도 책임졌다. 전설에 의하면 파라오는 나일강의 신 크눔을 모시는 방법을 몰랐다. 이에 화가 난 크눔이 나일강의 홍수를 중지시키자 이집트에 기근이 닥쳤다. 크눔을 올바르게 숭배할 줄 아는 임호텝이 나서 7년간 계속된 기근을 끝냈다. 이는 구약 성경에 나오는 요셉의 이야기와 유사하다.

임호텝은 전쟁도 책임졌다. 전설에 의하면 그는 아시리아가 쳐들어왔을 때 이집트군 최고 지휘관으로서 침공을 물리쳤다. 특히 위협적인 존재는 아시리아의 마술사였다. 임호텝은 아시리아 마술사보다 더 강한 마법을 사용해서 상대를 무릎 꿇렸다.

워낙 여러 방면에서 활약한 덕분에 임호텝에게는 '모든 일을 감독하는자'라는 칭호가 최초로 생겼다. 이 칭호는 나중에 아라비아와 이슬람 세계에서 최고 대신을 뜻하는 말로 자리 잡았다.

임호텝의 명성은 그가 죽은 후에 오히려 더 올라가 나중에는 신으로 숭배되었다. 이집트인들은 임호텝의 능력이 오직 태양신 라에게만 뒤질 뿐이라고 여겼다. 고대 이집트 역사 전체를 통틀어 파라오가 아니면서 신격화된 사람은 임호텝과 하푸의 아들 아멘호텝을 포함한 단 두 명이었다. 임호텝보다 1,000년 이상 후대 사람이었던 아멘호텝이 신으로 숭배된 계기도 임호텝과 관련이 있었다. 아멘호텝의 의술이 임호텝에 비견할 만큼 뛰어나다는 것이 그 이유였다.

못하는 게 없었다는 임호텝의 업적 중 현재까지도 남아 있는 게 하나 있다. 바로 이집트 사카라에 있는 이른바 조세르의 피라미드다. 조세르는 이집트 고왕국 시대에 해당하는 제3왕조의 두 번째 파라오였다. 파라오 조세르는 기원전 2630년부터 2611년까지 이집트를 통치했다.

조세르의 피라미드가 지어지기 전까지 모든 이집트의 파라오는 마스타바라는 무덤에 묻혔다. 마스타바는 높이가 최대 10미터 정도인 직육면체로서 주재료는 흙과 나무였다. 돌은 장식 목적으로만 일부 사용되었다.

임호텝은 파라오 조세르가 죽은 후 하늘로 오르길 원했다. 그는 돌로 마스타바를 만들고 마스타바를 차례로 쌓아 올리는 새로운 무덤을 디자인했다. 그게 바로 사카라에 있는 계단식 피라미드다. 기록에 의하면 임호텝은 '건축가, 목수, 조각가, 도예가'기도 했다.

임호텝의 계단식 피라미드는 건축 테크놀로지 관점에서 혁신 그 자체였다. 이는 구조를 지탱하기 위해 돌로 된 기둥을 사용한 최초의 건축물이었다. 돌을 깎고 운반하고 쌓아 올릴 수 있는 테크놀로지가 당시 개발되지 않았다면 불가능했을 일이었다. 그렇게 만든 조세르의 피라미드는

조세르의 피라미드는 최초의 계단식 피라미드였다.

밑면의 길이와 폭이 109미터와 125미터고 높이는 62미터에 달한다.

임호텝은 단지 높게 쌓아 올리는 데 만족하지 않았다. 쉽게 도굴되지 않도록 여러 개의 가짜 출입구를 디자인했고, 무덤 자체는 11미터 높이의 돌로 보호했다. 도굴에 대한 최후의 방어선은 30미터 깊이의 지하에 있는 회랑으로서 여기에 파라오의 보물을 두었다. 당시 변변한 도구가 없었다는 것을 생각하면 이만한 깊이의 회랑을 팠다는 사실 자체도 대단한 업적이다.

조세르의 피라미드를 완공하는 데는 모두 20년이 걸렸다. 계단식 피라미드라는 새로운 디자인과 이에 필요한 공사의 규모를 고려하면 20년이라는 시간은 오히려 짧은 편이다. 이집트 기자 지역에 남아 있는 높이가 147미터인 파라오 쿠푸의 피라미드 등은 임호텝이 만든 계단식 피라미드를 바탕으로 규모를 키운 결과다.

지금까지 남아 있는 업적에 대한 구체적인 기록을 미루어 보건대 임호텝을 고대의 엔지니어로 칭하는 것은 당연하다.

동시대에 살았던 한니발과 아르키메데스의 슬픈 인연

엔지니어링은 역사가 시작된 이래로 군사적 목적에 종사해왔다. 국가와 군대는 언제나 엔지니어링의 주요한 고객이었다. 군사적 목적으로 개발된 엔지니어링의 결과물이 나중에 민간 사회에서 널리 사용되기도 했다. 역사적으로 명백한 이러한 사실들을 부인하기는 어렵다.

고대에 지중해 유역은 크게 세 개의 세력이 있었다. 첫째는 지중해 동쪽에 있는 그리스인이었다. 둘째는 지중해 남쪽과 서쪽의 북아프리카를 기반으로 한 페니키아인이었다. 셋째는 지중해 중앙에 있는 이탈리아반도를 거점으로 삼은 로마인이었다.

이탈리아반도 서쪽에 있는 섬 시칠리아는 세 개의 세력이 맞붙던 대결장이었다. 시칠리아를 제일 먼저 지배했던 세력은 그리스인이었다. 시칠리아의 가장 큰 식민 도시국가는 시라쿠사였다. 시라쿠사는 그리스 도시국가 코린토스의 식민도시였다.

그리스인의 시칠리아 지배에 먼저 도전장을 내민 쪽은 페니키아인이었다. 그리스인은 300년 동안 페니키아인과 시칠리아를 두고 대결했다. 시칠리아를 마지막으로 지배했던 그리스인은 에피로스의 왕 피로스였다. 피로스는 명장이기도 했는데, 한니발이 로마의 스키피오에게 패한 후 "세계 제일의 군인은 알렉산드로스고, 둘째는 피로스며, 나는 세 번째다."라는 말을 남길 정도였다. 피로스는 맹수 같은 군인이었지만 휘하 부대의 손실이 큰 것으로도 악명 높았다.

시칠리아에서 그리스인의 세력이 약해지자 신흥세력인 로마인은 시칠리아에 대한 진출 욕심을 드러냈다. 페니키아인으로선 묵과할 수 없는 욕심이었다. 페니키아인의 본거지는 카르타고였다. 기원전 814년 튀니지 해안에 건설된 도시인 카르타고는 페니키아 말로 새로운 도시를 뜻했다.

두 세력은 곧 첫 번째 전쟁에 돌입했다. 기원전 264년부터 241년까지 치러진 1차 포에니 전쟁이었다. 포에니라는 이름은 로마인이 카르타고인을 부르는 말이었다.

본질적으로 그리스와 카르타고는 해양 세력이었다. 그들은 교역에 능했고 군대의 주력은 해군이었다. 반면에 로마는 달랐다. 로마는 태생부터 육군이 주력이었다. 1차 포에니 전쟁에서 로마는 해군력이 뛰어난 카르타고를 상대로 바다에서 의외의 승리를 거뒀다. 쇠갈고리를 단 군선으로 전투를 백병전 양상으로 끌고 간 덕분이었다. 1차 포에니 전쟁은 시라쿠사를 제외한 나머지 시칠리아를 로마가 차지하는 것으로 종결되었다.

복수를 노리던 카르타고는 히스파니아, 지금의 스페인을 속주로 만든 후 전쟁에 나섰다. 기원전 218년에 시작된 2차 카르타고–로마 전쟁이었다. 이 전쟁에는 서로 공통점이 없을 듯싶은 역사적인 두 인물이 등장한다. 바로 카르타고의 한니발 바르카와 시라쿠사의 아르키메데스다.

먼저 한니발을 이야기해보자. 기원전 247년 튀니지에서 태어난 한니발은 기원전 218년 병력을 착실히 모은 후 알프스를 건너 로마를 기습하는 작전을 실행에 옮겼다. 무모해 보이는 작전이었다. 출발할 때 보병 4만 명과 기병 1만2천 명, 그리고 코끼리 38마리였던 한니발의 군대는 알프스를 넘으면서 반 이상이 죽거나 도망쳤다. 그럼에도 불구하고 출중한 장수였던 한니발은 자신보다 병력이 많은 로마군을 트레비아, 트라시메네, 칸나에에서 세 번이나 연달아 몰살시켰다. 로마의 멸망은 멀지 않은 듯했다.

한니발의 대리석 조각상

그런데 한니발이 미처 생각하지 못한 일이 벌어졌다. 전투에서 한니발의 상대가 될 수 없다는 사실을 깨달은 로마가 방법을 달리한 탓이었다. 더 이상 로마군은 한니발과 싸우려 들지 않았다. 그 대신 성안에 웅크린 채로 방어전만 펼쳤다.

한니발은 그리스인들을 상대하듯이 대규모 전투에서 승리하면 로마인이 항복할 거라고 잘못 예상한 터였다. 공성 병기가 없는 한니발이 로마를 함락할 방법은 없었다. 전쟁이 장기전으로 변하자 본국에서 멀리 떨어진 한니발 군의 보급은 갈수록 힘들어졌다. 결국 한니발은 기원전 202년 카르타고 근처의 자마에서 로마군에게 참패했다. 카르타고가 로마에게 항복하는 것으로 2차 포에니 전쟁이 끝났다.

아이러니한 일은 사실 한니발이 공성전에도 능했다는 점이다. 알프스를 건너기 직전인 기원전 219년 한니발은 현재 스페인 영토인 사군툼에서 공성전을 수행했다. 8개월에 걸친 전투에서 한니발은 각종 공성 병기를 자유자재로 활용해 성을 무너트렸다. 다시 말해 당시 카르타고에는 로마를 짓밟을 공성 병기가 없지 않았다.

하지만 공성 병기를 가지고 알프스를 넘을 방도가 없었다는 게 결정적인 패배 원인이었다. 2차 포에니 전쟁 후 셀레우코스 제국으로 망명한 한니발은 기원전 182년경 스스로 목숨을 끊었다. 로마의 속주가 된 카르타고는 기원전 149년 로마와 3차 포에니 전쟁을 치른 끝에 멸망했다.

이제 아르키메데스의 이야기다. 기원전 287년에 시라쿠사에서 태어난 아르키메데스는 시라쿠사의 왕 히에론 2세의 먼 친척

알프스를 넘는 한니발의 군대

이었다. 기원전 218년에 개시된 2차 포에니 전쟁 초반만 해도 히에론은 눈치를 살폈다. 기원전 216년 칸나에에서 로마군이 전멸하자 이때다 싶었던 시라쿠사는 카르타고 편으로 참전했다. 로마가 차지했던 시칠리아의 나머지를 되찾으려는 의도였다.

시라쿠사의 바람에도 불구하고 전황은 로마에 유리하게 변해갔다. 급기야 기원전 214년 로마군은 시라쿠사를 포위하고 공격을 개시했다. 시라쿠사 공성전의 시작이었다. 조국이 위기에 처하자 아르키메데스는 히에론에게 면담을 청했다. 그는 로마군을 물리칠 수 있는 무기를 자신이 만들 수 있다며 돈과 사람을 원했다. 히에론은 반신반의했다. 왕은 아르키메데스에게 실제로 그게 가능한지 입증해 보이라고 요구했다.

아르키메데스

아르키메데스가 선택한 시연은 왕실 선단에 속한 돛대 세 개짜리 상선을 육지로 끌어올리는 일이었다. 배에 가득 화물을 싣고 선원도 평소보다 더 많이 승선했는데도 아르키메데스는 손잡이로 선박을 움직이게 했다. 물론 여러 개의 도르래가 달린 장치 덕분이었다. 아르키메데스의 기술에 깊은 인상을 받은 히에론은 즉시 모든 종류의 전투 기계를 만들라고 명했다. 비유하자면 아르키메데스는 당대의 '맨해튼 프로젝트'에 투입된 셈이었다.

잘 알려진 것처럼 아르키메데스는 여러 가지 무기를 개발했다. 그중한 가지는 아르키메데스의 '발톱'이었다. 거대한 기중기인 발톱의 끝에는 쇠로 만든 훅이 달려 있었다. 회전운동을 하는 기중기의 팔로 배를 낚아채 물 위로 끌어 올렸다가 침몰시키는 방식이었다. 또 다른 유명한 무기는 이른바 '열 광선'이었다. 오목 거울 여러 개를 이용해 태양열을 집중시켜 로마 군선을 불태웠다는 기록이 후대까지 전해졌다.

아르키메데스의 분전에도 불구하고 기원전 212년에 시라쿠사는 로마군에게 함락되었다. 아르키메데스는 마지막 순간에 로마군에게 죽임을 당했다. 한니발처럼 로마에 맞서다 결국 조국을 지켜내지 못한 이의 운명이었다. 이후 수백 년간 로마는 전성기를 구가했다.

현대에 들어와 아르키메데스가 만들었다는 무기가 실제로 가능한지 의문을 제기하는 이들이 있었다. 2005년에 방송된 프로그램인 〈고대 세계의 슈퍼 무기들〉에서 아르키메데스의 발톱이 실제로 작동하는지 실험을 통해 검증해봤다. 그들은 예전에도 발톱이 작동했으리라는 결론을 내렸다. 마찬가지로 매사추세츠기술원 기계공학과의 데이비드 윌러스는 열 광선이 가능한지에 대해 2005년에 실험했다. 가로세로 길이 30센티미터인 평면거울 127개를 사용한 실험에서 30미터 떨어진 목선에 불을 붙이는 데 성공했다.

아르키메데스는 무기와 기계뿐만 아니라 수학에서도 많은 업적을 남겼다. 덕분에 그의 얼굴은 수학계의 노벨상이라는 필즈 메달에도 새겨져 있다.

장군이자 엔지니어로서 나라를 지킨 최무선과 이순신

고려는 조선보다는 진취적인 기상이 강했다. 고려 후기의 무인정권은 세계 최강국 몽골의 침공에도 쉽게 물러서지 않았다. 그 과정에서 수십 년 넘게 일반 백성들은 큰 고초를 겪었다. 고려의 힘이 약해진 틈을 타서 1350년경부터 일본의 왜구가 본격적으로 출몰하기 시작했다. 왜구의 노략질로 인한 백성들의 어려움은 이루 말할 수 없이 컸다.

1325년, 최무선은 정5품인 광흥창사를 지낸 최동순의 아들로 태어났다. 광흥창은 고려 시대 때 관리의 녹봉을 맡아 관리하던 관청이었다. 이러한 사정으로 최무선은 왜구의 약탈이 얼마나 극심한지를 보면서 자랐다. 최무선의 어린 시절에 대한 직접적인 기록은 없다. 다만 태조실록에 최무선의 천성이 밝고 일을 수행하는 해결 방안이 많다는 기록이 남아 있다. 이를 통해 팔을 걷어붙이고 직접 문제를 해결하려는 성격이었다는 사실을 짐작할 수 있다.

최무선이 화약에 관심을 가진 계기도 왜구를 물리치는 데 도움이 되리라는 개인적 생각에서 비롯되었을 가능성이 크다. 당시 화약은 전 세계에서 몽골, 즉 원(元)만이 보유한 무기였다. 그는 원에서 온 상인은 누구든지 쫓아다녔다고 한다.

당대의 고려인들은 화약을 직접 만드는 일에 매우 부정적이었다. 그럴 만한 이유가 있었다. 화약 제조법은 원의 국가 기밀로서 극비 중의 극비였다. 몽골인이 가르쳐 주지 않는 한 직접 화약을 만들기는 불가능해 보였다. 또한 화약 제조법을 외국인에게 누설하는 몽골인은 사형에 처했다. 자기 목숨을 걸고 고려인에게 화약 제조법을 가르쳐 줄 몽골인을 찾는 일도 불가능한 일로 느껴졌다.

그럼에도 불구하고 최무선은 결국 이를 해냈다. 원의 염초장 이원이 가르쳐 준 덕분이었다. 염초장이란 화약을 만드는 장인으로 화약 엔지니어였다. 이원은 나라를 구하겠다는 최무선의 진심과 정성에 감복하고 말았다.

실험을 통해 화약을 만들 수 있다는 것을 확인한 최무선은 고려왕조에 수차례에 걸쳐 화약 제조를 건의했다. 급기야 1377년 우리나라 최초의 화약 무기 생산기관인 화통도감이 설립되었다. 화통도감의 초대 책임자는 당연히 최무선이었다.

최무선은 이후 총 18종의 화기를 개발했다. 몇 가지 나열해보면 대장군, 육화석포, 화통 등의 총포류, 화전, 철령전, 피령전 등의 발사체류, 그리고 로켓 무기의 일종으로 볼 수 있는 주화 등이었다.

주화는 나중에 조선 세종 때 약간 개량되어 신기전이라는 이름으로 불렸다. 대형 신기전인 이른바 대신기전은 길이가 5.3미터에 앞부분이 길이 70센티미터, 지름 10센티미터의 화약통이 달려 있었다. 대신기전의 사정거리는 약 600~700미터에 이르렀다.

대신기전을 개량한 산화신기전도 특기할 만한 무기였다. 산화신기전은 대신기전의 약통에 소형의 발화통을 추가하여 세계 최초의 2단 로켓이라 칭해진다. 1474년, 조선 성종 때 편찬된 『국조오례서례』의 병기도설에는 산화신기전의 제조법과 치수가 정확하게 기록되어 있다.

최무선의 화약 무기가 원이나 서양과 남달랐던 점은 그 용도였다. 원과 서양의 대포는 원래 성을 공격하기 위한 무기로 사용됐다. 반면에 최

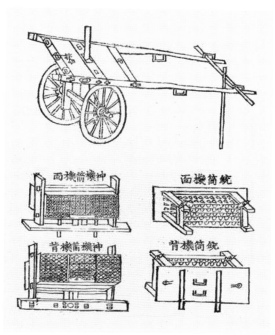

신기전을 발사하기 위한 신기전기의 설계도

무선의 화포는 처음부터 해전용으로 개발되었다.

화통도감이 설치된 지 4년째인 1380년 왜구는 금강 하구의 진포에 떼로 몰려왔다. 500여 척으로 구성된 세력이었다. 고려는 100척의 함대를 동원했다. 도원수 심덕부, 상원수 나세와 함께 부원수로 임명된 최무선은 왜구를 공격했다. 최무선의 화약 무기가 투입된 최초의 실전이었다. 화약 무기의 효력은 압도적이었다. 왜구는 몰살에 가까운 피해를 보고 흩어졌다. 진포 전투 이후 왜구의 공격은 지리멸렬해졌다.

아이러니한 일은 그 이후의 결과였다. 엄청난 전공에도 불구하고 최무선의 화통도감은 진포 전투 후 고작 8년 뒤인 1388년 해체되었다. 해체의 원인이 왜구가 사라졌기 때문인지, 최무선이 나이가 들어 더는 책임질 사람이 없었던 탓인지, 혹은 병기의 위력이 너무나 강력해 잠재적으로 고려 왕권에 위협이 된다고 문관들이 속삭인 탓인지는 확인할 길이 없다.

신기전을 대량으로 발사하는 신기전기를 설치한 화차

독창적인 무기를 개발한 최무선의 정신은 200여 년이 지나 이순신에게 계승되었다. 일본 전국시대를 통일한 도요토미 히데요시는 명을 정벌하러 가는 길을 빌려달라고 조선에게 요구했다. 선조가 거부하자 도요토미는 기다렸다는 듯이 조선을 침공했다. 임진왜란의 시작이었다.

임진왜란 당시에 조선에는 경상도와 전라도에 각각 두 곳씩 총 네 곳의 수군 기지가 있었다. 동래의 경상좌수영, 통영의 경상우수영, 여수의 전라좌수영, 해남의 전라우수영으로 수군이 구성되었다. 전쟁이 시작되자마자 동래를 빼앗기면서 박홍 휘하의 경상좌수영은 즉시 궤멸하였고, 원균이 지휘하는 경상우수영도 한 줌의 병력만 남아 있었다. 나라의 운명은 바람 앞의 등불과도 같았다. 이제 수군의 최전선은 전라좌수사 이순신이 지휘하는 전라좌수영이 되었다.

장군 이순신의 전공이야 너무나 유명한 것이니 여기서는 엔지니어 이순신을 좀 더 살펴보도록 하자. 그러기 위해선 해전에 대한 배경 지식이 조금 필요하다.

해전의 양상은 고대 이래로 임진왜란 이전까지 거의 달라진 점이 없었다. 해군으로 유명했던 그리스 도시국가 아테네가 페르시아를 물리친 기원전 480년의 살라미스 해전이나, 베네치아와 스페인의 연합함대가 투르크를 격파한 1571년의 레판토 해전이나 본질은 같았다.

어느 나라든 해군 전술은 딱 두 가지로 요약할 수 있다. 첫 번째는 함선의 무게를 바탕으로 한 관성력으로 적 함선에 충돌하는 방법이었다. 무게가 적게 나가거나 취약한 현 측에 충돌된 배는 단박에 침몰했다. 두 번째는 해병이 적선에 뛰어올라 백병전을 벌여 적선을 빼앗는 방법이었다. 첫 번째 방법만으로 승패가 갈리는 일은 드물었다. 세력 차이가 너무

크지 않은 한 대부분의 해전은 두 번째 방법으로 승패가 결정이 났다. 해군은 배 위에서 칼을 들고 싸우는 육군이나 다름없었다.

임진왜란 당시에 조선 수군의 주력 함선은 판옥선이었다. 1555년에 최초로 건조된 판옥선은 그 이전에 사용하던 평선을 개량한 함선이었다. 개량의 핵심 요소는 배를 2층으로 만들었다는 점이었다. 쉽게 말해 노만 젓는 격군은 1층에 배치하고 전투 병력은 모두 2층에 위치하는 구조였다. 격군은 외부에 노출되지 않기에 화살 등의 무기로부터 안전했고, 2층에 있는 수병은 높은 곳에서 아래를 내려다보며 싸울 수 있어 유리했다.

여기에 더해 판옥선에는 한 가지 장점이 더 있었다. 최무선 이래로 개량해 온 조선의 화포는 발사할 때의 반동이 큰 편이었다. 격군과 수병을 합쳐서 125명 이상이 승선하는 판옥선은 크기가 크고 배의 폭이 넓어 화포 발사 시에도 배가 뒤집힐 염려가 거의 없었다.

조선의 판옥선에 맞서는 일본의 함선은 크게 세 종류였다. 30명 정도가 승선하는 가장 소형인 고바야는 판옥선의 상대가 아예 될 수 없었다. 노를 젓는 수부 40명과 조총병 20명을 포함해 70~80명이 승선하는 중형 함선 세키부네가 일본의 주력이었다. 일대일 승부는 어렵지만 여러 척이 동시에 판옥선 한 척을 에워싸 백병전을 벌이면 충분히 위협적이었다. 주요 장수가 탑승하는 대장선 아타케부네는 승선 병력이 세키부네보다 조금 더 많았다.

일본 함선과 조선 함선 사이에는 한 가지 차이점이 존재했다. 바로 재료였다. 일본은 정교한 가공이 가능한 삼나무로 배를 만들었다. 그만큼 배가 가벼워 빠른 속도를 낼 수 있었다. 대신 선체가 약하고 배의 폭이 좁아 화포를 운용하기는 어려웠다. 당연히 상대 함선을 충돌해 파괴하거나 화포로 공격하는 전술을 꺼렸다. 대신 수적 우위를 바탕으로 상대 함선을 포위하길 즐겼다. 그런 후 가까운 거리에서 조총으로 공격하거나 상대 함선에 뛰어들어 백병전을 벌였다.

조선의 판옥선은 일본의 세키부네나 아타케부네와 일대일로 대결할 경우 우위를 점할 수 있는 우수한 함선이었다. 우선 탑재된 함포의 사정 거리가 일본의 조총보다 길어서 더 먼 거리에서 공격할 수 있었다. 재질 측면에서도 장점이 있었다. 밀도와 강도가 높은 소나무를 사용한 탓에 일본 함선처럼 정교한 가공은 어려웠다. 대신 두껍게 만든 덕분에 속도 는 느려도 충돌하면 일본 함선을 부술 수 있었다.

그렇지만 여기에 딜레마가 있었다. 당시 조선 화포의 사거리는 700~ 800미터 정도였다. 최대 사거리에서 함포의 정확도는 높지 않았다. 그렇 다고 명중률을 높이고자 적선과 거리를 좁히면 순식간에 수가 많은 일 본 함대에 포위될 우려가 있었다. 한두 척 정도는 함포로 격침하겠지만 백병전으로 변해 버리고 나면 이긴다는 보장이 없었다.

이순신이 귀양 간 사이 수군통제사가 된 원균이 전사한 칠천량해전 은 바로 이러한 딜레마를 잘 보여준다. 당시 원균이 지휘한 300척의 조 선 함대는 1,000척의 일본 함대에 포위당해 288척이 격침되는 수모를 겪 었다. 임진왜란 초기부터 이순신과 함께 싸워온 전라우수사 이억기도 이 때 전사할 정도로 근접전이 되면 승패를 알 수 없었다. 300척 중 288척 이 격침되고 남은 12척에 1척이 추가된 13척이 바로 명량해전 때 이순신 이 지휘한 전체 병력이었다. 그 13척으로 133척을 상대해야만 했다.

양국 함대 간 수적 열세를 극복할 방법을 찾으려는 과정에서 바로 거 북선이 탄생했다. 임진왜란 초기에 이순신에 의해 개발된 거북선은 기존

판옥선의 단점을 해결한 거북선(© PHGCOM)

의 판옥선에 거북이 등 모양의 덮개를 씌운 함선이었다. 덮개에는 쇠로
된 장갑판과 송곳처럼 튀어나온 칼이 설치됐다. 배 앞에는 용 머리 모양
으로 장식한 현자총통이 위치했다.

당시 구선 혹은 귀선이라 불렸던 거북선이 조선 수군의 수적 열세를
극복하는 데 어떻게 기여했는지를 살펴보자. 일본 함대와 만나면 거북선
은 조선 함대의 최선봉에 서서 돌격한다. 주요 목표는 일본의 대장선인
아타케부네다. 아타케부네에 근접하면 선수의 현자총통을 발사하고 곧
이어 90도로 회전해 현 측에 있는 6문의 현자총통, 지자총통을 발사한
다. 대포 세례를 받은 아타케부네는 이내 침몰한다.

판옥선이라면 이때가 가장 위험한 순간이다. 아타케부네를 호위하는
세키부네들이 둘러싸 백병전을 시도하기 때문이다. 거북선의 경우 백병
전은 문제가 되지 않았다. 지붕이 덮인 탓에 왜병은 선내로 난입할 수
없다. 설혹 지붕 위로 뛰어오른다고 해도 설치된 칼과 송곳 때문에 맘대

로 움직이지 못한다. 주어진 상황의 문제점에 대한 해결책이 바로 거북
선이었다는 뜻이다. 이순신이 위대한 엔지니어기도 했다는 말이 괜한 빈
말이 아닌 이유다.

노벨은 엔지니어로서 토목과 광산 개발에 기여했다

자연과학계에서 알프레드 노벨의 이름은 하나의 상징 그 자체다. 그가
남긴 재산과 유언에 따라 만들어진 노벨상 때문이다. 노벨재단은 노벨의
막대한 유산에서 발생하는 이익으로 다섯 분야의 수상자들에게 상금을
수여한다. 노벨이 직접 지정한 다섯 분야는 물리학, 화학, 의학 혹은 생
리학, 문학, 그리고 마지막으로 국제적 형제애의 증진과 평화다. 이 중 세
분야가 자연과학의 영역에 속한다.

노벨은 1833년 스웨덴에서 태어났다. 그의 아버지는 엔지니어면서 발
명가였고 기계와 폭발물 제조 공장을 운영
했다. 노벨도 어려서부터 엔지니어링에 큰
관심을 보였다. 18살에 미국으로 건너간 노
벨은 기계공학을 4년간 공부했다. 스웨덴으
로 돌아온 후에는 아버지 공장에서 형제들
과 함께 새로운 화약 개발에 몰두했다. 그러
다 친동생 중 한 명이 1864년에 스톡홀름의
공장에서 발생한 폭발사고로 숨지는 일도
겪었다.

8세기 중국에서 최초로 개발된 화약은 13

알프레드 노벨

세기 몽골의 서방 정벌을 통해 유럽으로 전파됐다. 그러나 화약 자체에 대한 기술적 진전은 더뎠다. 중세 이후 근대까지 주로 사용되던 화약은 이른바 흑색화약이었다. 흑색화약은 화학적으로 안정되어 있어 그렇게 위험하지는 않았다. 하지만 제조하려면 손이 많이 갔고 폭발력도 그렇게 크지 않았다.

더 고성능의 폭약에 대한 필요는 분명히 존재했다. 가장 대표적인 분야는 광산 개발과 철도 건설 등의 토목 사업이었다. 광산을 개발하려면 굴을 파서 땅속으로 들어가야 했다. 땅속으로 들어가다 보면 도중에 암반을 만나는 일이 부지기수였고, 암반을 뚫는 최후의 수단으로 화약을 터뜨렸다. 그러나 흑색화약의 폭발력은 대부분 실망스러운 결과를 안겨 줬다. 철도 건설에서도 상황은 비슷했다.

흑색화약보다 폭발력이 강한 물질이 없지는 않았다. 그중 하나가 니트로글리세린이었다. 니트로글리세린이 폭발할 때의 팽창속도는 흑색화약의 수 배에 달했다. 화학물질에 대한 지식을 가진 사람에게 니트로글리세린의 강한 폭발에너지는 결코 비밀이 아니었다.

문제는 니트로글리세린이 불안정한 화학물질이라는 점이었다. 상온에서 액체상태로 존재하는 니트로글리세린은 잘못 취급하면 아무런 예고 없이 갑자기 폭발해버렸다. 광산 개발이나 토목 공사에 쓰려다 엉뚱한 시점에 터지는 사고가 빈번했다. 노벨의 친동생도 바로 니트로글리세린의 폭발 사고로 숨졌다. 노벨의 아버지는 이때 받은 정신적인 충격으로 세상을 떠났다.

흑색화약보다 폭발력은 강하면서 동시에 안전한 화약을 만들겠다는 노벨의 결심은 이처럼 두 가지 사실에 기인했다. 그러한 물질에 대한 산업계의 수요와 가족사의 비극 때문이었다. 시행착오를 거듭한 끝에 노벨은 규조토와 같은 다공성 물질에 니트로글리세린을 흡착시키면 매우 안정된 상태가 된다는 사실을 확인했다. 결국 1867년에 질산나트륨염을 니트로글리세린에 첨가한 다이너마이트를 개발했다. 노벨은 다이너마이트의 특허권을 1869년에 얻었다.

폭발력은 훨씬 강하면서도 흑색화약처럼 안전한 다이너마이트는 날개가 돋친 듯이 팔려나갔다. 특히 다이너마이트의 확산에는 1831년에 개발된 도화선과 1865년에 노벨이 직접 개발한 뇌관이 크게 기여했다.

노벨은 다이너마이트의 성공에 안주하지 않았다. 다이너마이트보다 더 나은 화약을 만들어내려고 계속 노력했다. 그 결과 1875년에 젤리그나이트, 1887년에 발리스타이트를 개발해냈다. 젤리그나이트는 끈적끈적한 점액질의 물질로 요즘도 사용하는 C4와 같은 플라스틱 폭약의 원조 격이다. 발리스타이트는 연기가 별로 나지 않는 이른바 무연화약의 시조다. 이들 화약을 통해 노벨은 어마어마한 갑부가 되었다.

노벨은 사업 수완도 남달랐다. 자신의 친형 두 명이 벌인 카스피해 근방의 유전 개발 사업에도 투자해 또 엄청난 재산을 모았다. 그의 행적을 따라가다 보면 그가 과학자가 아니라 엔지니어면서 사업가였다는 사실이 자명해진다. 굳이 비교하자면 그는 19세기 후반의 빌 게이츠였다. 게이츠는 마이크로소프트를 세워 20세기 후반 세계 최고의 갑부가 된 프로그래머다.

노벨상은 과학계가 최고의 영예로 여기는 상이다. 엔지니어였던 노벨의 후의가 없었다면 이런 상 자체가 존재하지 않았다는 사실은 시사하는 바가 적지 않다. 사실 노벨이 죽은 지 얼마 지나지 않았을 때는 지금

노벨상 메달

처럼 해마다 노벨상을 수여하지 않았다. 누구나 인정할 만한 공헌이 있지 않으면 수상자 없이 지나가는 해도 있었다는 뜻이다. 그러나 요즘에는 여러 명에게 상을 주거나 화학상 같은 경우 두 주제에 대해 동시에 수상하는 등 상을 위한 상으로 변질됐다는 느낌을 지울 수 없다.

물론 그게 노벨의 의도나 잘못은 아니다. 노벨상위원회에 속한 사람들의 문제다. 특히 이들이 1960년대 말부터 경제학에도 상을 주기로 한 일은 어떻게 생각해봐도 어이가 없다. 이는 노벨의 유언과 반하기에 결코 노벨상이 될 수 없다. 사실 노벨 경제학상의 공식 명칭은 '스웨덴중앙은행이 수여하는, 노벨을 기리는 경제과학 분야의 상'이다. 상금도 노벨재단이 아닌 스웨덴중앙은행이 준다. 노벨의 유명세에 숟가락을 얹으려는 금융계와 경제학계의 부끄럽기 짝이 없는 무리수다.

경제학 분야에 속한 사람들끼리 상을 주는 일을 비판하는 게 아니다. 상은 줄 수 있다. 다만 노벨의 이름에 빗대려는 시도가 우습고 유치할 따름이다. 노벨상이라는 이름에 묻어가고 싶었던 분야가 비단 경제학만은 아니었다. 가령 수학계도 노벨상의 이름을 쓰고 싶어 했다. 하지만 아무리 기다려도 노벨상위원회가 꿈쩍도 하지 않자 수학계는 2002년 아벨상을 제정했다. 수학계로서는 오히려 다행한 일이다.

사실 수학계에는 더 멋있는 상이 이미 있다. 4년에 한 번씩 열리는 국제수학자대회에서 수상자가 발표되는 필즈 메달이다. 필즈 메달은 40세 미만의 유망한 수학자에게 주는 상으로서 상금은 1만 달러다. 우리나라

돈으로 환산하면 천만 원이 약간 넘는 금액이다. 이를 두고 상금이 적다고 말하는 사람도 있다. 그러나 상금의 액수로 가치가 좌우되는 상은 이미 제대로 된 상이 아니다. 상은 명예로 받아야 진정한 권위를 가진다.

5장
엔지니어에게
답을 찾아라

엔지니어링의 진면모가 무엇인지는 이 정도로 충분할 듯싶다. 마지막 두 가지 이야기로 이 책을 마치도록 하자. 첫째는 엔지니어링이 세상을 바꾼 역사적 사례다. 둘째는 앞으로의 미래는 엔지니어링의 건전한 정신에 달려 있다는 사실이다.

▍세상을 바꾸는 힘, 엔지니어링

▍크로노미터는 전 세계 바다를 누비기 위한 필수 조건

1519년, 포르투갈인 페르디난드 마젤란은 스페인 왕 카를로스에게 받은 5척의 선대를 이끌고 출항했다. 목표는 태평양에 있는 말루쿠 제도였다. 현재의 인도네시아에 속하는 말루쿠 제도는 유럽인들에게 향신료의 보고로 알려졌다. 마젤란의 항해 목표는 서쪽으로 남아메리카를 우회하여 말루쿠 제도로 가는 항로의 개척이었다.

천신만고의 고생 끝에 3년 만인 1522년 9월 마젤란의 선대 중 단 한 척의 배가 스페인으로 귀환했다. 말루쿠 제도에서 약간의 향신료를 구한 뒤 아프리카의 희망봉을 거쳐온 항해였다. 마젤란 본인은 이미 1년 반 전에 필리핀에서 현지인들과의 전투로 사망했다. 마젤란의 선대는 대서양과 태평양을 가로질러 유럽으로 돌아오는 항해를 최초로 성공했다. 더 이상 지구가 둥글다는 사실을 부인할 사람은 아무도 없었다. 이제 전 세계 바다는 유럽인들에게 탐험의 각축장이 되었다.

그 당시에 대양을 항해하는 것은 결코 쉬운 일이 아니었다. 물과 식량의 확보, 선원의 건강 유지, 악천후에 대한 대응까지 극복해야 할 난관이 많았다. 그러나 가장 심각한 장애물은 정확한 위치를 파악하는 것이었다. 육지와 달리 바다에서는 기준이 될 만한 목표물이 전혀 없었다. 정확한 위치를 알 수 없다는 사실은 예전부터 뱃사람들이 대양으로 나가는 것을 꺼리게 만드는 결정적인 요인이었다.

바다에서 위치는 육지와 마찬가지로 위도와 경도로 구성되어 있다. 위도는 상대적으로 결정하기 쉬웠다. 낮에 태양의 고도나 밤에 특정한 별이 보이는 각도를 측정해서 확인할 수 있었다.

문제는 경도였다. 경도의 경우 만족스러운 해법이 없었다. 경도에 따른 시간 차이는 사람들을 당혹스럽게 만드는 주제였다.

경도에 관한 수수께끼 중 하나로 날짜 변경선 문제가 있었다. 동쪽으로 갈수록 시각이 먼저고 서쪽으로 갈수록 시각이 나중이었다. 다시 말해 런던이 이른 아침이면 그보다 동쪽인 베를린은 이미 늦은 아침이고 서쪽의 아메리카는 아직 한밤중이었다. 런던 근방의 그리니치 천문대를 경도의 기준점으로 할 때 서쪽으로 15도씩 갈 때마다 한 시간씩 빨라지고, 동쪽으로 15도씩 갈 때마다 한 시간씩 늦어진다.

모호한 상황은 경도 180도 근방일 때였다. 가령 경도 180도를 목표로 두 배가 영국에서 각기 다른 방향으로 출항했다고 해보자. 동쪽으로 항해하면 12시간이 뒤처지고, 서쪽으로 항해하면 12시간만큼 앞선다. 그렇다면 두 배가 경도 180도 선에서 만났을 경우 24시간, 즉 하루만큼 시차가 생기는 것인지 분명치 않았다. 18세기의 유럽인들은 날짜 변경선을 넘을 때 무슨 일이 벌어질지 몰라 두려워했다.

더욱 현실적인 문제는 항해의 안전에 있었다. 왜 이게 문제인지를 상징적으로 증명하는 사건을 영국 해군은 1707년에 겪었다.

1707년, 스페인 왕위 계승 전쟁이 한창일 때 영국 해군 제독 클로디즐리 쇼벨은 21척의 선대를 이끌고 프랑스의 툴롱을 공격했다. 별다른 전과를 얻지 못한 채 본국으로 귀환하던 쇼벨의 선대는 10월 22일 갑자기 예상치 못한 암초를 만났다. 악천후 속에서 항해하던 쇼벨은 아직 대양이라고 판단했지만, 사실은 영국 남서부 콘월 근방에 있는 암초투성이의 실리 군도를 지나고 있었다. 선대 전체의 경도 판단에 심각한 오류가 있던 탓이었다.

선대의 피해는 막대했다. 총 15척의 전열선 중 3척, 그리고 4척의 화공선 중 1척이 암초에 부딪혀 침몰했다. 크게 파손된 채 침몰만 겨우 면한 배도 여럿이었다. 쇼벨 본인도 자신의 기함 어소시에이션과 함께 물귀신이 되었다. 숙련된 수병 약 2천 명이 이 사고로 죽었다. 당시 인구가 충분하지 않았던 영국으로서 이러한 손실은 치명적이었다.

여왕 앤이 죽기 직전인 1714년 7월 영국 의회는 일명 '경도법'을 통과시켰다. 내용은 단순했다. 경도위원회를 설치하고 오차가 적은 경도 결정 수단을 제시하는 사람에게 2만 파운드의 상금을 주겠다는 내용이었다. 당시의 2만 파운드는 오늘날 가치로 대략 50억 원에 달하는 돈이었다. 영국이 목표로 한 정확도는 0.5도였다. 이는 적도를 기준으로 약 55킬로미터 거리의 오차였다.

정확한 시계가 있다면 경도 문제는 의외로 쉽게 풀릴 수 있었다. 출항지의 경도는 이미 알려져 있고 현지 시각은 태양이나 별자리를 통해 알 수 있었다. 따라서 배에 탑재한 시계가 출항지나 혹은 그리니치 천문대의 시각을 정확히 나타낸다면 현재 위치를 정할 수 있었다. 당시 기계적 방식의 시계는 이미 사용 중이었고 정확도도 그리 나쁘지 않았다.

문제는 시계를 배에 실으면 정확도가 급격히 떨어진다는 점이었다. 기계의 관점에서 바다는 육지보다 훨씬 거친 환경이었다. 열대부터 한대에 이르는 온도 변화는 물론이고, 다양한 압력과 습도의 변화에도 견뎌야 했다. 또 바닷바람의 소금기로 인한 부식에도 견뎌야 하고, 결정적으로

존 해리슨

늘 흔들거리는 진동에도 영향을 받지
않아야 했다.

배의 경도 결정에 사용될 정도로
정확한 시계를 두고 크로노미터라는
신조어가 만들어졌다. 시간의 신인
크로노스와 측정기를 뜻하는 미터가
합쳐진 말이었다. 물론 크로노미터는
아직 존재하지 않는 물건이었다.

당대의 유명 과학자들은 크로노
미터의 개발은 불가능하다고 생각했
다. 뉴턴은 공개적으로 그러한 의견을 표출했다. 천문가면서 천체망원경
을 발명하기도 했던 크리스티안 하위헌스는 진자시계와 균형 용수철로
만든 시계를 갖고 크로노미터의 개발을 시도해봤다. 하지만 계속 실패한
끝에 하위헌스는 크로노미터의 개발이 불가능하다는 결론에 도달했다.

여러 과학자가 불가능하다고 말했지만, 1693년에 태어난 영국인 존 해
리슨이 해결책을 찾아냈다. 그의 직업은 목수였다. 해리슨은 학교에 다
닌 적이 없었다. 음악을 좋아했던 그는 교회 성가대의 지휘자로도 활동
했다.

해리슨의 취미는 시계 제작이었다. 그가 만든 최초의 시계는 목제였
다. 해리슨은 시계공의 세계에서 외부인이자 아마추어였다. 외부인이라
는 사실은 두 가지를 의미했다. 하나는 기존의 시계 지식에 얽매이지 않
고 새로운 시도를 했다는 점이었다. 다른 하나는 평생 이방인 취급을 당
하며 외롭게 살아야 했다는 점이었다.

경도법이 제정된 지 14년만인 1730년에 해리슨은 자신의 첫 번째 크로노미터를 디자인했다. 그리고 이를 실제로 만드는 데만 5년이나 걸렸다. 1736년, 해리슨의 크로노미터로 리스본을 왕복하는 해상 시험이 있었다. 갈 때는 문제가 있었지만 돌아오는 항해 때는 크로노미터가 잘 작동했다. 경도위원회의 기준을 통과하려면 대서양 횡단 항해가 필수였다. 위원회는 해리슨에게 500파운드를 보상금으로 주며 추가 개발을 종용했다.

1741년, 해리슨은 자신의 두 번째 크로노미터를 만들었다. 한창 오스트리아 왕위 계승 전쟁에 참전 중이었던 영국은 이 새로운 디자인의 크노로미터를 시험할 엄두를 내지 못했다. 혹시라도 시험 도중 스페인에게 뺏길까 봐 두려워서였다. 두 번째 크로노미터에 심각한 디자인 결함이 있다는 사실을 깨달은 해리슨은 곧바로 새로운 모델 개발에 돌입했다. 위원회는 500파운드의 보상금을 다시 지급했다.

해리슨이 만든 네 번째 크로노미터는 1761년 시험 항해에 투입됐다. 제작에만 6년 걸린 모델이었다. 크로노미터의 기계적 신뢰성을 높이기 위해 해리슨은 여러 기술을 혁신했다. 예를 들어 열팽창계수가 다른 두 금속을 붙인 바이메탈 스트립, 마찰을 줄이는 롤러 베어링, 태엽을 감는 동안에도 시계가 가는 장치 등을 개발했다. 지름이 13센티미터인 해리슨의 네 번째 크로노미터는 대서양 횡단 시험항해에서 경도법의 기준을 충족했다.

해리슨의 네 번째 크로노미터

해리슨이 크로노미터를 만든 이후 더 이상 대양에서 위치를 오인할 일은 사라졌다. 이제 전 세계 바다를 마음껏 탐험하는 일이 가능해졌다. 영국 탐험 선대를 이끈 제임스 쿡은 자신의 두 번째와 세 번째 항해 때 해리슨이 만든 크로노미터의 복제품을 사용했다. 쿡은 누구보다 해리슨이 만든 크로노미터의 열광적인 팬이 되었다. 해리슨은 영국방송(BBC)이 2002년에 실시한 여론조사에서 위대한 영국인 중 39번째로 뽑혔다.

해리슨의 업적에도 불구하고 경도법과 관련된 일은 지저분하게 끝났다. 시험항해에서 두 번이나 기준을 충족했지만, 경쟁자가 경도위원회의 위원장이었던 탓에 위원회는 모든 것을 운으로 돌리고는 수상을 거부했다. 영국 왕 조지 3세는 본인이 직접 해리슨의 크로노미터를 10주간 시험한 후 위원회를 건너뛰고 의회에 직접 청원하라고 조언했다. 1773년, 해리슨은 의회로부터 8,750파운드를 받았다. 그러나 경도위원회가 인정한 공식적인 수상자는 되지 못했다.

말들의 분뇨로 인한 악취와 전염병의 해결책은?

과거를 무조건 낭만적인 시각으로 바라보는 사람들이 있다. 이들 중 일부는 자동차의 개발을 잘못으로 치부한다. 득보다 실이 많고 자동차로 인한 폐해가 너무 크다는 주장이다. 자동차로 인해 발생하는 배기가스와 이로 인한 지구의 온실효과를 지적하기도 하고, 자동차 사고로 인한 인명피해를 지적하는 경우도 있다. 이들에게는 자동차가 발명되기 이전의 세계가 자연 그대로에 가까운 이상향이다.

과거에 대한 막연한 동경은 때론 문명을 적대시하는 모습으로 나타나기도 한다. 반문명적 정서가 집단으로 표출된 경우로 19세기 초반 영국에서 일어난 러다이트 운동이 대표적이다. 러다이트 운동은 기계 때문에 노동자의 일자리가 줄어든다며 기계를 물리적으로 파괴하려고 든 사회운동이다. 주동자로 알려진 네드 러드의 이름에서 러다이트라는 말이 나왔다.

세계 최초의 자동차가 무엇이냐는 질문은 대답하기 난처한 질문이다. 스케치 하나 그려 놓고는 개발했다고 주장하는 사람부터 온갖 종류의 주장이 난무하기 때문이다. 또한 자동차의 동력원으로 무엇을 인정하느냐에 따라 대답이 달라진다.

사실 초창기의 자동차는 크게 세 종류였다. 증기 엔진을 이용하는 경우, 전기 모터를 이용하는 경우, 그리고 내연기관을 이용하는 경우였다. 증기 자동차는 이미 19세기 초에 널리 유럽에 보급될 정도로 제일 먼저 만들어졌다. 전기 자동차는 영국인 토마스 파커가 1884년에 개발한 자동차가 최초였다. 내연기관의 일종인 가솔린 엔진을 장착한 최초의 차는 1886년 독일인 카를 벤츠가 세상에 내놓았다.

자동차가 처음 개발될 때 이미 존재하던 탈 것은 마차가 유일했다. 내연기관 자동차가 너무나 익숙한 요즘 사람들은 왜 자동차가 개발됐고 사람들에게 환영받았는지 종종 그 이유를 착각한다. 대부분 빠른 속도나 안락함 때문에 자동차가 마차를 대치했다고 생각한다.

그러나 사실을 말하자면, 20세기 초반만 해도 위에서 언급한 세 가지 방식의 자동차는 마

카를 벤츠

벤츠의 첫 번째 가솔린 자동차(© Chris 73)

차와 성능에서 크게 다르지 않았다. 심지어 어떤 측면에선 부족하기까지 했다. 마차는 통상 시속 10킬로미터 정도의 속도가 가능했고 빨리 달려야 할 때는 시속 30킬로미터를 내는 게 어렵지 않았다. 말은 하루 평균 100킬로미터 정도를 갈 수 있었고, 경주마의 최고시속은 70킬로미터까지 나왔다.

그에 비해 초기 자동차의 평균 시속은 10에서 15킬로미터 정도였다. 벤츠가 만든 가솔린 자동차도 최고시속이 15킬로미터에 지나지 않았다. 20세기 초만 해도 가장 빠른 자동차의 속도가 시속 40킬로미터에 불과했다. 속도 면으로 자동차는 마차와 성능이 비슷했다. 자동차의 운행 거리는 감히 마차의 비교 대상이 될 수 없을 정도로 짧았다.

사람들이 자동차를 두고 환호했던 이유는 다른 데 있었다. 마차로 인한 극심한 환경 문제를 해결할 수 있어서였다. 도시에서 마차가 널리 사용되면서 마차를 끄는 말이 싸는 말똥이 도로에 쌓였다. 말똥에서 나는 악취는 이루 말할 수가 없었다.

그리고 말똥은 또 다른 오물을 끌어들였다. 말똥이 도로에 쌓이자 사람들은 당연하다는 듯이 생활 쓰레기를 길에다 내다 버렸다. 비라도 오면 길은 완전히 똥물 천지로 변해버렸다. 도로의 오물이 얼마나 심각했던지 똥물이 흐르는 길에서 사람들을 안아서 무사히 건너게 해주는 직업도 생겨났다.

도저히 똥물 진창을 어떻게 할 재간이 없자 도로를 포장하자는 아이디어가 등장했다. 이는 완전한 해결책이 될 수 없었다. 도로를 포장한다고 해서 길에다 싼 말똥이 어디로 사라지지는 않았다. 게다가 포장도로는 새로운 문제를 초래했다. 말똥이 포장된 길에 달라붙어 말랐다가 마차 바퀴 등에 의해 먼지로 변했다. 이는 호흡기 질환을 발생시키는 새로운 원인이 되었다.

실제로 1900년대 초반의 기록을 보면 뉴욕에서만 매년 2만 명 정도가 말똥에서 발생한 파리가 옮기는 각종 질병으로 숨졌다. 당시 뉴욕 인구가 2백만 명 정도였다는 사실을 고려할 때 뉴욕 인구의 1퍼센트가 매년 말똥으로 사망했다. 장티푸스 등의 전염병을 몰아내기 위해선 말과 마차를 도시에서 완전히 없앨 필요가 있었다. 자동차가 마차를 대신하게 된 결정적인 이유도 여기에 있었다.

증기 자동차와 전기 자동차, 그리고 가솔린 자동차 사이의 삼파전에서 왜 가솔린 자동차가 승리했는지에 관해서도 오해하기 쉽다. 가솔린 자동차가 기술적으로 증기 자동차와 전기 자동차를 압도한 덕분 아니냐는 식이다. 그러한 이해는 사실과 거리가 멀다.

전기 자동차는 최고속도와 최대 운행 거리 등에서 가솔린 자동차보다 성능이 좋았다. 진동과 소음 등의 감성적인 측면으로도 전기 자동차는 가솔린 자동차를 한참 앞섰다. 공급이 부족한 탓도 아니었다. 당시 베이커전기, 컬럼비아전기, 디트로이트전기 등과 같이 여러 회사에서 전기 자동차를 생산하고 있었다. 또한 전기 자동차의 시장점유율이 가솔린 자

1904년, 독일에서 만든 전기 자동차

동차보다 높았던 적도 있었다.

증기 자동차도 일방적인 열세는 아니었다. 세 가지 방식 중에서 가장 오래된 덕분에 전반적인 품질이 안정적이었고, 동력 성능이 특별히 부족하지도 않았다. 그런 연유로 증기 자동차는 1930년대까지도 다른 방식의 자동차와 치열하게 경쟁을 벌였다.

세 가지 방식에는 각기 단점이 있었다. 증기 자동차는 증기 엔진이 충분히 가열되어 사용할 수 있을 때까지 기다려야 하는 게 문제였다. 가솔린 자동차는 처음에 플라이휠을 돌려 시동을 거는 일이 불편했다. 증기 자동차와 가솔린 자동차는 둘 다 매연이 있었고 가솔린 자동차는 특히 시끄러웠다. 전기 자동차는 충전하는 데 시간이 오래 걸렸다.

가솔린 자동차의 승리는 다른 데서 왔다. 자금 동원 능력이 막강한 석유회사들의 전폭적 지원과 로비 하에 미국 전역에 주유소 네트워크가

깔린 게 결정적이었다. 포드가 만든 T형 자동차의 싼 가격이 결정적인 이유였다는 분석도 일부 있다. T형 자동차가 당시의 전기 자동차보다 가격이 낮은 것은 사실이었다. 그러나 이는 일방적인 장점은 결코 아니었다. 싼 가격 때문에 노동자나 타는 싸구려라는 인식이 강했다. 전기 자동차의 긴 충전시간도 사실 그렇게 큰 약점은 아니었다. 온종일 차만 탈게 아니라면 밤사이에 충전하면 별로 문제가 될 게 없었다.

석유회사의 주유소 네트워크 대신 전기회사가 충전소 네트워크를 전국에 설치했다면 어떻게 됐을까? 아마도 전기 자동차가 지금의 가솔린 자동차를 대신했을 가능성이 크다. 전기 자동차가 대량으로 생산됐다면 경험 곡선에 의해 전기 자동차의 성능은 올라가고 가격이 내려갔으리란 점을 부인하기는 어렵다. 테슬라의 이름을 본떠 만든 전기 자동차 회사 테슬라 모터스가 요즘 내놓는 전기차를 보면 그게 결코 불가능한 일이 아니었다는 것을 알 수 있다.

딥 블루가 체스에서 인간의 지능을 능가하다

20세기 중반만 해도 인간의 지적 능력은 어떤 것으로도 대치될 수 없다는 믿음이 있었다. 철학과 종교, 그리고 형이상학은 모두 인간만이 가졌다는 이성의 우월함을 이야기해왔다. 특히 체스와 같은 게임에서 인간을 능가하는 프로그램이 나타날 수 없다는 생각이 과학자와 철학자들에게 팽배했다.

전기 엔지니어 클로드 섀넌은 다른 생각을 가졌다. 섀넌이 보기에 컴퓨터와 인간에게는 각각의 장점이 있었다. 그렇기에 체스에서 인간이 절대적으로 유리하지 않고 컴퓨터가 좋은 대결을 벌일 수도 있다고 생각했다.

섀넌에 의하면 컴퓨터는 인간과 비교하면 유리한 점이 네 가지가 있었다. 첫 번째로 단순 계산에서 인간보다 훨씬 빨랐다. 두 번째로 프로그램에 오류가 있지 않은 한 단순한 실수를 저지르지 않았다. 세 번째로 철저하게 상황을 분석할 수 있었다. 마지막 네 번째로 감정에 휩싸여 잘못된 결정을 내리지 않았다. 사람은 불리하다 싶으면 괜히 심리적으로 위축되기도 하고, 유리하다 싶으면 자만에 빠져 방심하기도 한다. 컴퓨터라면 그런 실수는 없었다.

물론 인간에게도 컴퓨터보다 유리한 점이 네 가지가 있었다. 첫 번째는 인간 지성이 컴퓨터가 따라올 수 없을 정도로 유연하다는 사실이었다. 두 번째는 인간이 가진 상상할 수 있는 능력이었다. 세 번째는 인간의 추론 능력이었다. 마지막 네 번째는 학습을 통해 배워나갈 수 있는 능력이었다.

섀넌 이후 많은 컴퓨터 엔지니어들은 인간의 상대가 될 만한 체스 인공지능을 개발하려고 애를 썼다. 그 시도는 모조리 실패로 돌아갔다. 하지만 아이비엠(IBM)의 엔지니어들은 쉽게 포기하지 않았다.

아이비엠 엔지니어들이 넘어서야 할 벽은 역사상 가장 위대한 체스 선수로 불리던 가리 카스파로프였다. 카스파로프는 체스 그랜드마스터 중 한 명이었다. 체스 그랜드마스터란 1924년 프랑스 파리에서 창설된 세계 체스연방(FIDE)이 세계 최고의 체스 선수들에게만 부여하는 극히 영예로운 칭호였다.

1963년, 소련에서 태어난 카스파로프는 1985년에 세계 체스 챔피언에 올랐다. 이를 통해 역대 최연소 챔피언의 기록을 갈아치웠다. 카스파로

가리 카스파로프(© Owen Williams)

프는 1993년까지 챔피언의 자리를 지켰다. 1993년 이후 챔피언이 아닌 이유는 카스파로프의 실력 때문이 아니었다. 카스파로프와 세계체스연방 사이에 불화가 생겨 카스파로프가 별도의 체스 기구를 세운 탓이었다. 카스파로프는 2000년에 다른 선수에게 패할 때까지 사실상의 세계 체스 챔피언으로 간주되었다. 또 체스 결과를 점수로 환산해 순위를 부여하는 엘로 평가에서 카스파로프는 2005년까지도 부동의 1위 자리를 유지했다. 카스파로프는 2005년에 은퇴를 선언했다.

인공지능 컴퓨터가 카스파로프에게 도전한 최초의 해는 1985년이었다. 이 시합에서 카스파로프는 32대의 체스 인공지능과 동시에 대결을 벌여 모조리 이겼다. 1989년, 아이비엠의 엔지니어들은 당시 최고의 하드웨어와 체스 인공지능을 결합한 딥 쏘트(Deep Thought)로 카스파로프에게 도전했다. 두 번의 대결에서 카스파로프는 어렵지 않게 딥 쏘트를 물리쳤다. 이는 인공지능 컴퓨터와 인간의 대결이면서 동시에 아이비엠 엔지니어들과 체스 최고수 사이의 대결이었다.

절치부심의 칼을 간 아이비엠의 엔지니어들은 7년 후인 1996년 새로운 체스 인공지능으로 카스파로프에게 도전했다. 인공지능의 이름은 딥 블루(Deep Blue)였다. 이번 대결은 모두 여섯 번의 시합을 벌여 총점에서 앞선 선수가 이기는 규칙이었다. 이기면 1점, 지면 0점을 획득하고 비기면 양쪽 모두 0.5점을 얻었다.

카스파로프와 딥 블루의 1차전에서 충격적인 일이 벌어졌다. 카스파로프가 딥 블루에게 항복하고 말았다. 7년 전의 딥 쏘트만 해도 일반인을 상대로는 쉽게 이기는 실력을 갖췄다. 하지만 역대 최고수라는 카스파로프를 상대로 인공지능 컴퓨터가 이기리라고 예상한 사람은 드물었다. 오직 아이비엠의 엔지니어들만이 불가능을 극복할 수 있다고 기대했다. 그 결과가 마침내 이루어졌다.

가장 큰 충격을 받은 사람은 카스파로프 본인이었다. 자신도 인공지능에게 진다고는 생각조차 하지 않았다. 카스파로프는 집중력을 최고로 끌어 올렸다. 남은 다섯 번의 대결에서 카스파로프는 세 번을 이기고 두 번을 비겼다. 종합전적 4 대 2로 자존심을 지켰다.

아이비엠 엔지니어들은 희망을 봤다. 1년 만인 1997년 업그레이드된 딥 블루로 카스파로프에게 재도전했다. 사실 카스파로프로선 이 대결을 받아들여야 할 의무는 없었다. 그냥 무시해버리면 그만인 일이었다. 하지만 카스파로프는 그러지 않았다. 체스 인공지능이 어디까지 발전할지 지켜보자는 쪽이었다.

카스파로프는 어떤 면으론 지나치게 관대했다. 경기 규칙은 여러모로 그에게 불리했다. 예를 들어 아이비엠의 엔지니어들은 카스파로프가 그동안 두어온 모든 체스 시합에 대한 정보를 갖고 있었다. 반면에 카스파로프는 딥 블루가 어떤 식으로 두는지 아무런 정보도 가지지 못했다. 또한 경기 중간에도 아이비엠의 엔지니어들은 딥 블루의 프로그램을 변경할 수 있었다. 이 때문에 전적으로 딥 블루 혼자서 체스를 둔다고 보기는 어려웠다.

1997년의 1차전에서 카스파로프는 세 번째 수만에 완전히 새로운 수를 선보였다. 딥 블루는 과거에 두어진 모든 체스 마스터들의 경기결과를 학습해 수를 두었다. 카스파로프가 선보인 수는 어떤 체스 마스터도 둔 적이 없는 수였다. 이제 딥 블루의 통계적 해결방법은 무용지물이 되었다. 섀넌이 지적한 적이 있는 '인간의 사고력'이 발휘되는 순간이었다.

아이비엠의 딥 블루(© James the photographer)

시종일관 딥 블루를 궁지에 몰아넣은 끝에 카스파로프는 1차전을 깔끔하게 이겼다. 전년도 1차전의 패배를 말끔히 씻어냄과 동시에 성능이 대폭 향상된 딥 블루를 상대로 거둔 압승이었다. 이번 해의 대결은 좀 더 일방적으로 카스파로프가 승리하는 분위기로 흐를 것처럼 보였다.

그런데 카스파로프의 마음을 찜찜하게 만드는 구석이 하나 있었다. 경기가 거의 결판이 난 44번째 수에서 딥 블루가 둔 이상한 수 때문이었다. 딥 블루는 이때 룩을 후퇴시켰다. 이는 어떠한 기준으로도 이해하기 어려운 수였다. 더 이해하기 어려운 부분은 다음 수에서 곧바로 딥 블루가 경기를 포기했다는 점이었다. 카스파로프는 경기 마지막 부분의 이상한 수에 온통 마음을 빼앗겼다.

1차전이 끝난 후 카스파로프는 다른 체스 마스터와 함께 딥 블루의 44번째 수를 분석했다. 결과가 놀라웠다. 누구도 쓴 적이 없던 그 수는 당시까지 알려진 다른 수보다 못할 게 없었다. 물론 20수가 더 진행되면 카스파로프의 체크메이트에 의해 경기는 카스파로프의 승리였다. 카스파로프는 딥 블루가 곧바로 항복했다는 사실에 더 큰 충격을 받았다. 이는 딥 블루가 20수의 진행을 판단하여 수를 쓴다는 증거처럼 보였다. 카스파로프 본인은 최대 15수까지 보고 수를 써왔다. 즉 딥 블루가 자기보다 더 멀리 수를 본다는 두려움이 생겼다.

카스파로프는 심리적으로 완전히 위축되었다. 2차전에서 카스파로프는 45수 만에 경기를 포기했다. 2차전 후 체스 마스터들의 검토에서 카스파로프가 계속 뒀다면 최소한 비기는 결과를 얻을 수 있다는 사실이 밝혀졌다. 확실히 카스파로프는 완벽한 상태가 아니었다.

이후 3차전부터 카스파로프는 본래의 자기 스타일을 버렸다. 기회주의적이면서 익숙하지 않은 수를 통해 경기를 풀어나가려고 시도했다. 3, 4, 5차전은 용케 비겼다. 그러나 그 과정에서 체력과 정신력이 고갈되고 말았다. 마지막 6차전에서 결국 카스파로프는 무릎을 꿇었다. 종합전적 2.5 대 3.5로 패배했다.

아이러니한 점은 카스파로프를 어리둥절하게 만든 1차전의 딥 블루가 둔 수에 관한 내막이었다. 이는 사실 일종의 버그였다. 뾰족한 수가 없을 때 아이비엠의 엔지니어들은 무작위로 아무 수나 고르도록 딥 블루를 프로그래밍했다. 그 수를 카스파로프가 이해하기 어려웠던 이유다. 그는 자기가 만든 괴물에게 스스로 잡아 먹힌 꼴이었다. 물론 그가 1997년 대결에서 지지 않았더라도 결국엔 인공지능에게 질 운명이었다.

▌엔지니어링 정신에 미래가 있다

▌영역이 아닌 방식이 엔지니어링의 핵심

지금까지 책을 읽은 독자들은 다음 사실을 눈치챘을 것이다. 나는 엔지니어링이라는 단어를 주로 영역보다는 관점과 방식을 지칭하는 말로 사용해왔다. 기계공학, 전기공학, 재료공학 등이 엔지니어링인 이유는 분야에서 취급하는 대상 때문이 아니라, 대상을 인식하고 대응하는 실제적인 행위와 방식이기 때문이다. 엔지니어링의 핵심은 영역이 아닌 방식에 있다.

방식으로서 엔지니어링이 지향하는 바는 궁극적으로 세상에 쓸모 있는 무언가를 만들어내려는 행동이다. 세상에는 직접적인 유용성이 없는 많은 것이 존재한다. 물론 그러한 것들도 존재의 필요성, 필연성을 주장한다.

단적인 예로 근대 이전의 전제군주제를 들 수 있다. 출생으로 신분이 결정되고 권력이 세습되며 무소불위의 자의적 권력을 휘두르는 왕조차도 자신이 필연적이라는 주장을 멈추지 않았다. 이로부터 한 가지 사실을 깨달을 수 있다. 세상에서 자신의 쓸모는 스스로 증명하는 게 아니라 오직 다수의 다른 사람에 의해 인정될 뿐이다.

우리나라에서는 학교에서 가르치는 모든 것에 학(學)자를 붙인다. 경제를 공부하면 경제학, 경영을 공부하면 경영학, 법을 공부하면 법학이 되는 식이다. 더 나아가면 바이올린 연주는 음악학, 그림 그리기는 미술학,

태권도 발차기는 체육학, 머리 깎기는 미용학으로 탈바꿈된다.

한자의 학은 배우는 내용을 수동적으로 받아들인다는 의미가 강하다. 학이라는 글자에는 배운 것을 통해 세상에서 유용한 일을 해보겠다는 능동적이고 진취적인 의미가 별로 없다. 동양에서 학자라는 존재가 해온 일을 돌이켜보면 답이 나온다. 실행에 옮기는 일은 없으면서 뒤에서 이게 맞았는지 틀렸는지 수군대며 평하기만 하는 존재다. 그 느낌 때문에 공학이라는 단어가 나는 썩 마음에 들지 않는다.

모든 인간 활동에 학을 붙이는 관습은 전적으로 일본에서 왔다. 19세기 후반에 활동한 인물인 니시 아마네가 그 장본인이다. 과학, 철학, 공학, 의학, 기술, 예술 등과 같은 단어는 모두 니시 혼자서 만들어낸 말이다. 과학은 원래 중국이나 한국에서 쓰던 한자어가 아니다. 니시가 1874년《명륙잡지》에서 영어의 사이언스를 번역해 쓴 게 최초다.

니시는 근본이 골수 일본 제국주의자였다. 그는 일본군의 천황 이데올로기를 상징하는 군인칙유와 군인훈계 작성에 깊이 관여했다. 군인칙유는 태평양 전쟁 때 천황의 군대인 황군이 아침마다 암송하던 문구였다. 니시는 현재의 일본학사원의 전신인 도쿄학사회원의 2대와 4대 회장을 지냈다. 도쿄학사회원의 1대 회장은 일본 제국주의의 이론적 원류라 할 수 있는 탈아입구론을 제창한 후쿠자와 유키치였다.

우리가 모두 '~학'으로 부르는 영어 단어는 결코 천편일률적이지 않다. 다시 말해 학에 해당하는 어미가 다 다르다. 그리고 그 각각의 어미는 뉘앙스에 조금씩 차이가 있다.

예를 들어보자. 경제학으로 번역하는 이코노믹스는 깨달음을 뜻하는 -ics라는 어미를 쓰고, 생물학으로 번역하는 바이올로지는 지식을 뜻하는 -logy라는 어미를 쓴다. 또 천문학으로 번역하는 애스트로노미는 법칙을 뜻하는 -nomy를 어미로 하며, 기하학으로 옮기는 지오메트리는 측량을 가리키는 -metry가 어미고, 해양학으로 번역하는 오셔노그라피는 도표법을 지칭하는 -graphy를 어미로 취한다. '~학'이라고 해서 다 같은 학이 아니라는 의미다.

위에서 나열한 여러 분야를 영어 사전에서 찾아보면 모두 '스터디 오브 섬씽'으로 설명된다. 결정적으로 영어의 스터디는 한자의 학과 같지 않다. 스터디는 스스로 능동적으로 깨닫고 이해해낸다는 의미가 핵심이다. 피동적으로 배울 때 쓰는 단어는 따로 있다. 바로 런(learn)이다.

엔지니어링이라는 단어를 구성하는 어미 -ing는 자체로 의미가 있다. 구체적 행동이 현재 진행 중이라는 것을 나타내기 때문이다. 수동적 배움을 뜻하는 학이라는 말로는 엔지니어링의 본질을 담아낼 수가 없다.

초강대국인 미국과 중국은 엔지니어링의 기풍이 강하다

역사를 보면 시대별로 한때를 풍미했던 초강대국이 존재했다. 고대 로마와 13세기의 원이 대표적인 예다. 이들은 강력한 군사력으로 세계를 제패했다. 그런 후에는 생산력과 체계가 사회를 지탱하지 못하는 모순에 빠지면서 쇠퇴의 길을 걸었다.

산업혁명 이후로는 19세기에 영국이, 20세기에 미국이, 그리고 최근에 중국이 초강대국의 지위에 올라섰다. 세 나라의 공통점을 꼽는다면 남들보다 앞선 엔지니어링 테크놀로지와 그것을 바탕으로 한 생산력, 그리고 이 두 가지를 바탕으로 한 강력한 군사력을 모두 보유했다는 사실을 지적하지 않을 수 없다. 19세기 영국의 해군력과 20세기 미국의 압도적인 군사력은 이를 뒷받침하는 생산력에 기인하였고, 그러한 생산력은 다른 나라보다 뛰어난 엔지니어링 실력에 기반하고 있었다.

우리에게도 이러한 엔지니어링의 전통이 없지는 않았다. 고려 무인 정권의 대몽골 항쟁은 산업적 생산력 없이 군사적으로만 버티려는 시도라 한계가 분명했다. 특히 그러한 고초로 인해 뒤를 이은 조선의 문화는 형식적, 자폐적, 수구적인 방향으로 자리를 잡았다. 결과적으로 에너지의 분출을 막고 대내외의 신분제적 질서만 강조하는 제로섬 사회로 퇴화해 버렸다. 그럼에도 불구하고 국난을 당하면 우리 민족의 엔지니어링 저력은 언제 그랬냐는 듯이 유감없이 발휘되곤 했다.

21세기 들어 미국과 함께 세계를 주도하는 국가가 된 중국의 경우를 살펴보자. 영토도 넓고 인구도 많으니 중국의 약진은 당연한 일 아니냐는 시각을 갖는 사람들이 있다. 이러한 시각은 하나만 보고 둘은 보지 못하는 단견이다. 비슷한 인구와 영토를 가진 인도는 왜 아직 비교 대상이 못 되는지, 그리고 똑같은 영토를 가졌던 19세기 중국을 지배했던 청이 무력했던 이유를 설명할 수 없기 때문이다. 즉 인구와 영토는 강대국이 되기 위한 충분조건은 아니다.

중국이 달라지기 시작했던 시점은 덩샤오핑이 실용주의 노선을 펼친 1980년대부터였다. 이후 중국의 최고 지도부는 언제나 엔지니어들로 구성되었다. 그게 중국의 성장을 가져온 결정적인 요인 중의 하나다.

중국 정치 권력의 최정점에 위치하는 중앙정치국 상무위원을 예로 들어보자. 2008년 17기 상무위원 9명 중 8명이 공과대학을 졸업했다. 6대 국가주석이었던 후진타오는 수리공정을, 국무원 총리였던 원자바오는 광산학을 공부했고, 나머지 6명도 무선전자학, 전기설계 및 제조, 자동화학, 화학, 무기화공학, 지구물리탐사 등을 공부했다.

9명의 상무위원 다음은 16명의 중앙정치국 위원이다. 이 16명 중에도 공과대학, 자연과학대학, 농과대학 등을 졸업한 사람은 모두 9명이었다. 여전히 영향력을 행사 중인 5대 국가주석 장쩌민은 전기공학을 공부하였고, 이외에도 내각의 40퍼센트 이상, 공무원의 70퍼센트 이상이 엔지니어링 교육을 받은 사람이었다.

미국 또한 건국 이래로 어느 나라보다 도전적인 엔지니어링 문화를 자랑했다. 실리콘밸리를 중심으로 한 미국의 벤처 생태계는 여전히 미국이 엔지니어의 나라임을 잘 보여준다. 엔지니어링이 강한 나라 치고 별 볼일 없는 나라가 없고, 엔지니어링이 약한 나라 치고 오래 가는 나라가 없다는 사실은 역사가 증명하는 바다.

엔지니어로서 갖추고 지향해야 할 것들

엔지니어가 되겠다고 결심했거나 혹은 고민 중인 이들에게 먼저 좋은 선택을 했다고 축하해주고 싶다. 막상 엔지니어가 되겠다고 결심하기는 사실 쉽지가 않다. 그러한 용기에 선배로서 진심으로 박수를 보낸다.

본래 엔지니어들은 그러한 기질을 갖고 있다. 남들이 모두 "네."라고 말해도 스스로의 기준과 판단으로 아니다 싶으면 당당하게 "아니오."라고 말할 수 있는 용기와 자존심을 지녔다.

한 가지 직접 경험했던 일화를 예로 들면, 석사과정 시절 당시 최고 수준의 기계회사에 다니던 엔지니어 선배를 만난 적이 있었다. 학부 9년

선배였던 그는 다음과 같은 이야기를 내게 건넸다.

"엔지니어는 말이야, 사장이 하라고 직접 지시해도 본인의 전문가적 자존심이 허락하지 않으면 안 된다고 말할 수 있는 사람이야. 실제로 갓 입사한 대졸 신입 막내가 우리 회사 사장한테 '그건 안 되는데요.' 하고 대놓고 말해. 대통령이 말해도 안 되는 건 안 되는 거야."

그러한 고집스러운 태도는 반대를 위한 반대는 결코 아니다. 실제 세계에 충실하게 되면 저절로 나타날 수밖에 없는 모습일 뿐이다. 엔지니어는 사물을 있는 그대로 편견 없이 바라본다. 특정 주장을 뒷받침하기 위한 증거를 선택적으로 모으는 일은 엔지니어의 방식이 아니다. 엔지니어는 누구보다도 공평한 심판자의 입장이 되어 판단을 내리도록 훈련받는다.

그래서 엔지니어는 자신의 기존 판단을 언제든지 버릴 준비가 되어 있다. 새로운 사실이 발견되면 주저하지 않고 정반대의 결정을 내린다. 정치적 입장이나 명분은 엔지니어의 어휘가 아니다. 오직 실용성과 유용함, 그리고 사실이 중요할 뿐이다.

그저 남들이 알아주는 삶을 최고로 치는 요즘의 사회적 분위기는 엔지니어가 되겠다고 결심한 사람에게는 더할 나위 없는 기회다. 감히 예언하건대 지금부터 20~30년 후의 세상은 엔지니어의 세상이 될 것이다.

그렇게 될 수밖에 없는 이유가 있다. 사회적으로 엔지니어가 되는 것을 꺼리는 경향이 있는 만큼 경험 많고 실력 있는 엔지니어의 수가 모자라기 마련이다. 그러나 사회는 여전히 엔지니어를 필요로 한다. 지금 당장은 너도나도 현재 제일 좋아 보이는 쪽으로 진로를 정한다. 그런 분야는 시간이 지나면 사람이 몰린 만큼 공급 과잉을 겪는다. 아무도 원하지 않는 길을 선택했으니 그것만으로도 성공은 반쯤 보장된 셈이다.

사실 이것보다 더 중요한 이유가 있다. 앞에서도 누차 말했지만 엔지니어링은 영역이 아니라 방식이요, 세계관이다. 엔지니어링의 대상은 세월에 따라 바뀌기 마련이다. 그렇지만 엔지니어링의 방식은 불변이다. 한번 방식을 익히고 나면 새로운 대상에 적용하기는 전혀 어렵지 않다. 새롭게 부상하는 분야에 누구보다도 더 잘 적응할 수 있다는 뜻이다.

구체적인 예로써 이러한 사실을 증명해보겠다. 기업 경영에서 중요한 분야로 전략이 있다. 원래 전략은 군대 용어다. 경영학계가 군대 용어를 빌려와 쓰고 있다는 뜻이다. 경영 전략이라는 개념이 생겨난 시기는 대략 1960년대다. 회사 간의 경쟁이 치열해지면서 새로운 분야가 만들어졌다.

사람들이 잘 모르는 사실은 경영 전략 분야의 대가들이 대부분 엔지니어링 교육을 받았다는 점이다. 예를 들어 경험 곡선과 전략 매트릭스를 통해 전략 컨설팅이라는 영역을 개척한 보스턴컨설팅그룹의 창업자 브루스 헨더슨은 반데빌트 대학 기계공학과를 졸업했다. 차별화와 가격 경쟁으로 경쟁우위의 개념을 정립했고, 경영컨설팅회사 모니터그룹을 세운 마이클 포터는 프린스턴 대학에서 항공공학으로 학부를 마쳤다.

두 사람의 사례는 특별한 예외라기보다는 법칙에 가깝다. 『위대함을 찾아서』라는 책으로 미국 기업의 우수성과 자존심을 설파했던 톰 피터스는 코넬 대학 토목공학과에서 학사와 석사과정을 밟았다. 또 경영컨설팅회사 맥킨지에서 고객, 경쟁사, 자기 회사의 세 가지를 합친 3C 개념을 만든 오마에 겐이치는 매사추세츠기술원 원자력 공학박사다. 『좋은 전략, 나쁜 전략』이라는 책으로 21세기 경영 전략의 영적 스승이 된 리처드 루멜트는 캘리포니아 버클리 대학에서 전기공학으로 학사와 석사 학위를 받았다.

　물론 이들 중 일부는 대학원에서 경영학이나 경제학을 공부하기도 했다. 그보다 중요한 사실은 학부 때 엔지니어로서 교육을 받았다는 점이다. 이처럼 엔지니어로 교육받은 이들이 나중에 다른 영역에서도 엔지니어링의 방식을 적용하여 일가를 이루는 일은 전혀 드물지 않다.

　하지만 그렇게 되기 위해서는 자신의 선택에 대한 열의가 필요하다. 호기심을 잃지 않고 누가 시키지 않아도 스스로 부족한 부분을 찾아 익히는 일이 중요하다. 반도체회사 인텔의 창업자 앤디 그로브는 이를 두고 다음처럼 말했다. "편집광이 되지 않으면 성공할 수 없다." 말할 필요도 없이 그로브는 엔지니어다. 그는 뉴욕 시립대학에서 학사를, 캘리포니아 버클리 대학에서 화학공학으로 박사학위를 받았고 페어차일드 반도체에서 엔지니어로 일하다가 인텔을 창업했다.

　엔지니어링에서 중요한 한 가지 사실을 지적하자면, 엔지니어링은 혼자 하는 일이 아니다. 엔지니어링은 본질적으로 공동 작업이다. 물론 경험과 지식이 많은 엔지니어가 그렇지 못한 엔지니어에게 큰 영향을 미친다. 이는 명령과 복종이 아니라 선배의 올바른 방법을 후배가 따르는 모습에 가깝다.

　엔지니어들의 공동 작업은 오케스트라가 음악을 만들어내는 과정에 비견할 만하다. 공동의 목표를 위해 다른 이들과 화음을 맞출 때 느끼는 기쁨은, 그것을 느껴보지 못한 사람은 이해할 수 없을 정도로 심오하다. 영국 태생의 물리학자 프리먼 다이슨은 인생 후반부에 엔지니어들과 함께 일하는 경험을 해봤다. 그는 그때 자신이 느꼈던 기쁨을 최초라는 타이틀을 위해 혼자 외롭게 경쟁하는 과학자의 경쟁심과 비교해 설명했다. 과학자인 다이슨에게도 그 경험은 경이로웠다.

엔지니어가 되기 위한 교육을 마치고 사회에 나오면 크게 두 가지 경로 중 하나를 밟게 된다. 첫 번째는 자신이 선택한 분야의 전문가가 되는 길이다. 그 길은 또 두 경로로 구성된다. 현장에서 경험을 축적하는 길과 학위 과정을 밟는 길이다. 경우에 따라선 두 가지 방법을 적절히 연결할 수도 있다.

어느 경로를 택하든 가장 중요한 사항은 택한 분야에서 최고의 전문가가 되겠다는 마음가짐이다. 분야를 막론하고 다른 사람으로 대치가 가능한 사람의 가치는 그렇게 높지 않다. 누구로도 대치할 수 없는 나만의 가치를 개발하는 일이 그래서 중요하다.

엔지니어가 밟을 수 있는 두 번째 경로는 앙트레프레뉴어, 즉 모험적인 사업가가 되는 일이다. 경제학에 의하면 경제력은 기본적으로는 투입된 자본과 노동력의 함수다. 자본과 노동력은 어느 수준을 넘으면 더는 차별화에 기여하지 못한다. 궁극적으로 경제력은 자본과 노동력으로 설명할 수 없는 무언가로 귀결된다. 경제학은 그걸 하나로 뭉뚱그려서 생산성이라는 막연한 이름으로 부른다. 바로 엔지니어들이 자신의 고유한 능력으로 승부를 볼 수 있는 영역이다.

사실 엔지니어링의 본질은 창업에 있다. 세상은 새로운 혁신을 통해 발전해 나간다. 기존의 거대 기업이 근본적인 혁신을 수행하는 일은 밧줄이 바늘귀를 통과하는 일처럼 드물다. 근본적 혁신은 기득권 없이 패기로 무장한 엔지니어들의 창업으로 수행된다.

그런 면으로 전문성을 지나치게 강조하는 현재의 공대 교육은 아쉬운 점이 적지 않다. 워낙 배워야 할 내용이 많은 게 하나의 원인일 것이다.

그걸 익히느라 가진 에너지가 모두 소진되어 그 너머의 신세계를 보지 못하는 경우도 잦다.

그러므로 대학에서 배우는 교육이 필요한 전부라고 생각해서는 곤란하다. 학교 교육은 창업가보다는 전문가를 길러내는 데 초점이 맞춰져 있다. 대다수 교수가 현장 경험 없이 교수가 되었기에 그러한 경향은 더욱 강화된다.

궁극적으로 엔지니어는 세상에 해결책을 가져오는 사람이다. 피를 끓게 하는 무언가가 있다면 학교 교육과정에 속하지 않더라도 겁내지 말고 도전할 필요가 있다. 엔지니어는 회사의 단순한 부속품이 아니다.

세상은 갈수록 복합적으로 진화한다. 기존의 경계가 허물어지고 생각지 못한 새로운 영역이 등장한다는 뜻이다. 기존 엔지니어링의 대상이 주로 한 가지 영역에 속하는 단품이었다면 앞으로 엔지니어링의 대상은 여러 영역의 단품이 모인 시스템이 될 것이다. 그만큼 엔지니어링 정신과 방식은 앞으로 더욱 중요해진다. 창발하는 특성을 지닌 복합계를 다루려면 경험적 지혜와 극단에 치우치지 않는 실용적인 관점이 요구된다. 이는 엔지니어링의 궁극의 만트라다.

참고문헌

강판권, 2013, **조선을 구한 신목, 소나무**, 문학동네.

권오상, 2016, **엔지니어 히어로즈**, 청어람미디어.

권오상, 2018, **혁신의 파**, 청어람미디어.

고종희, 2006, **일러스트레이션**, 생각의 나무.

김석철, 2002, **20세기 건축**, 생각의 나무.

김수삼 외, 2003, **미래를 위한 공학 실패에서 배운다**, 김영사.

김영세, 2005, **이노베이터**, 랜덤하우스.

김영식, 1986, **과학사개론**, 다산출판사.

나카오 마사유키, 김상국 외 옮김, 2009, **실패 100선**, 21세기북스.

레인 캐러더스, 박수찬 옮김, 2011, **다이슨 스토리**, 미래사.

마가렛 체니, 이경복 옮김, 2002, **니콜라 테슬라**, 양문.

마이클 폴라니, 표재명 김봉미 옮김, 2001, **개인적 지식: 후기비판적 철학을 향하여**, 아카넷.

박성래, 1998, **한국사에도 과학이 있는가**, 교보문고.

볼프강 울리히, 조이한 김정근 옮김, 2013, **예술이란 무엇인가**, 휴머니스트.

브뤼노 라투르, 이세진 옮김, 2012, **과학인문학 편지**, 사월의책.

스티브 코언, 브래드퍼드 들롱, 정시몬 옮김, **현실의 경제학**, 부키, 2017.

윌리엄 브로드, 니콜라스 웨이드, 김동광 옮김, 2007, **진실을 배반한 과학자들**, 미래M&B.

이인식 외, 2004, **세계를 바꾼 20가지 공학기술**, 생각의 나무.

조지프 슘페터, 변상진 옮김, 2011, **자본주의·사회주의·민주주의**, 한길사.

칼 포퍼, 이한구 옮김, 1997, **열린 사회와 그 적들 I**, 민음사.

칼 포퍼, 이명현 옮김, 1997, **열린 사회와 그 적들 II**, 민음사.

칼 폴라니, 홍기빈 옮김, 2009, **거대한 전환: 우리 시대의 정치·경제적 기원**, 도서출판 길.

키마다 마사루, 김욱 옮김, 2013, **메이난 제작소 이야기**, 페이퍼로드.

토마스 쿤, 조형 옮김, 1994, **과학혁명의 구조**, 이화여자대학교 출판부.

프리먼 다이슨, 김희봉 옮김, 2009, **프리먼 다이슨 20세기를 말하다**, 사이언스북스.

하라 켄야, 민병걸 옮김, 2007, **디자인의 디자인**, 안그라픽스.

Cooper, George, 2008, **The Origin of Financial Crises**, Vintage.

Dorner, Dietrich, 1996, **The Logic of Failure**, Basic Books.

Kemper, John Dustin, 1967, **The Engineer and His Profession**, Holt, Rinehart & Winston.

Lerner, Joshua, 2012, **The Architecture of Innovation: The Economics of Creative Organizations**, Harvard Business Review Press.

Petroski, Henry, 1994, **To Engineer is Human: The Role of Failure in Successful Design**, Barnes & Noble.

Petroski, Henry, 2010, **The Essential Engineer**, Knopf.

Popper, Karl, 1959, **The Logic of Scientific Discovery**, Basic Books, New York.

Popper, Karl, 1963, **Conjectures and Refutations**, Routledge, London.

Siegel, Eric, 2013, **Predictive Analytics**, Wiley.

Silver, Nate, 2012, **The Signal and the Noise**, Penguin Press.

Weck, Olivier L. de, Daniel Roos and Christopher L. Magee, 2011, **Engineering Systems**, MIT Press.

Wynn, Charles M., Arthur W. Wiggins and Sidney Harris, 1997, **The Five Biggest Ideas in Science**, pp. 107, John Wiley and Sons.

미래를 꿈꾸는
엔지니어링 수업

1판 1쇄 찍은날 2019년 8월 28일
1판 4쇄 펴낸날 2020년 9월 1일

지은이 | 권오상
펴낸이 | 정종호
펴낸곳 | 청어람미디어(청어람e)

책임편집 | 김상기
마케팅 | 황효선
제작·관리 | 정수진
인쇄·제본 | (주)에스제이피앤비

등록 | 1998년 12월 8일 제22-1469호
주소 | 03908 서울 마포구 월드컵북로 375, 402호
이메일 | chungaram_e@naver.com
블로그 | www.chungarammedia.com
전화 | 02-3143-4006~8
팩스 | 02-3143-4003

ISBN 979-11-5871-113-9 43500

이 도서의 국립중앙도서관 출판시도서목록(CIP)은 e-CIP 홈페이지(http://www.nl.go.kr/ecip)와
국가자료공동목록시스템(http://www.nl.go.kr/kolisnet)에서 이용하실 수 있습니다.
(CIP제어번호 : CIP2019033188)

청어람 e)) 는 미래세대와 함께하는 출판과 교육을 전문으로 하는 청어람미디어의 브랜드입니다.
어린이, 청소년 그리고 청년들이 현재를 돌보고 미래를 준비할 수 있도록 즐겁게 기획하고 실천합니다.

품명: 미래를 꿈꾸는 엔지니어링 수업 | 사용연령: 10세 이상
제조국명: 대한민국 | 제조년월: 2020년 9월 | 제조자명: 청어람미디어
전화번호: 02-3143-4006 | 주소: 03908 서울 마포구 월드컵북로 375, 402호
종이에 베이거나 긁히지 않도록 조심하세요.
책 모서리가 날카로우니 던지거나 떨어뜨리지 마세요.
KC마크는 이 제품이 공통안전기준에 적합하였음을 의미합니다.